NHK
趣味の園芸

12か月
栽培ナビ

11

シクラメン
ガーデンシクラメン　原種シクラメン

吉田健一
Yoshida　Kenichi

12か月
栽培ナビ
Cyclamen

NP·M.Tanaka

目次

Contents

シクラメン12か月栽培ナビ　29

ガーデンシクラメン12か月栽培ナビ　65

本書の使い方

ナビちゃん
毎月の栽培方法を紹介してくれる「12か月栽培ナビシリーズ」のナビゲーター。どんな植物でもうまく紹介できるか、じつは少し緊張気味。

本書はシクラメンとガーデンシクラメンの栽培にあたって、1月から12月に分けて、月ごとの作業や管理を詳しく解説しています。原種シクラメンの魅力や栽培に関しては14～17ページにまとめました。

＊「シクラメンの魅力と特徴」

(5～17ページ)では、シクラメンのプロフィールや原種シクラメンの魅力、栽培を始める前の基礎知識などを紹介しています。

＊「シクラメン、ガーデンシクラメンの花図鑑」

(18～28ページ)では、花色、模様、花形、中輪種・ミニ(小輪)種の順に分けて掲載しています。

＊「12か月栽培ナビ」

(29～85ページ)では、月ごとの主な作業と管理を、初心者でも必ず行ってほしい **基本** と、中・上級者で余裕があれば挑戦したい **トライ** の2段階に分けて解説しています。主な作業の手順は、適期の月に紹介しています。

今月の作業を ◀
リストアップ

基本
初心者でも必ず
行ってほしい作業

トライ
中・上級者で余
裕があれば挑戦
したい作業

▶ 今月の管理の要点を
リストアップ

＊「シーズン別栽培 Q&A」

(90～95ページ)では、栽培中によくあるトラブルへの対処法や栽培の疑問点などに、季節別に答えています。

● 本書は関東地方以西を基準にして説明しています。地域や気候により、生育状態や開花期、作業適期などは異なります。また、水やりや肥料の分量などはあくまで目安です。植物の状態を見て加減してください。

● 種苗法により、品種登録されたものについては譲渡・販売目的での無断増殖は禁止されています。

シクラメンの魅力と特徴

シクラメンってどんな植物？
育てる前に知っておきたい
基礎知識や楽しみを紹介します。

Cyclamen

NPイMTanaka

シクラメンのプロフィール

シクラメンは地中海沿岸の原産

　冬の鉢花として欠かせないシクラメンは、花の少ない時期に、華やかな姿で目を楽しませてくれる貴重な園芸植物です。サクラソウ科シクラメン属の多年生球根植物で、花弁は1枚が5つにわかれ、葉は一般にハート形をしています。

　原種は北アフリカから中近東、ヨーロッパの地中海沿岸地域にかけて、20種ほどが分布しています。この地域は夏が高温でも湿度が低く、冬は10℃前後と比較的温暖で、自生地では低木の下や岩場に群生している姿が見られます。現在日本で市販されている園芸品種のほとんどは、これらの原種の中の、春咲き種のシクラメン・ペルシカムを改良したものです。

シクラメンの名前の由来

　原種のシクラメンは一部を除き、開花後、結実すると花柄がらせん状にくるくると巻きます。これがシクラメン（Cyclamen）の語源で、ギリシャ語で「旋回」「円」を意味する「キクロス（Kyklos）」に由来します。キクロスは英語のサイクル（Cycle）と同意語です。

　日本に渡来したのは明治時代初期といわれ、当時シクラメンはヨーロッパで「豚のパン（Sowbread）」と呼ばれていたため、和名は「豚の饅頭」と命名されました。その後、植物学者の牧野富太郎氏が、花の姿がかがり火に似ていることから「カガリビバナ」と名づけました。

イスラエルに自生する原種シクラメン・ペルシカム。乾燥気味の岩場でも大株に育つ。

結実して花柄がらせん状に巻いた原種のシクラメン。

出荷を待つシクラメンが並ぶ圃場。

KANEKO SEEDS

底面給水鉢で変わった栽培の歴史

　日本でのシクラメンの本格的な生産は、大正時代の終わり頃、現在の岐阜県恵那市の伊藤孝重氏がアメリカ人ダム建設技師の夫人にすすめられて、ドイツの種苗会社からタネを仕入れて開始しました。しかし、当初は栽培技術も確立されておらず、生育途中で腐らせてしまうことも多く、まいたタネの数の4分の1程度しか商品化できなかったそうです。

　そして、昭和9年頃に戦前のシクラメン生産は最盛期を迎え、戦後は温室栽培技術の向上によって栽培農家が増え、昭和25年頃にはタネ1粒が1円20～30銭程度、1鉢の価格が60～70円で取り引きされるようになりました。

　昭和60年代に入り、冬の鉢花の女王として需要が高まると、大きな転機を迎えます。底面給水鉢の登場です。この鉢のおかげで水やりの手間や生育のばらつきが減り、一農家当たり年間2万～3万鉢の大量生産が可能になりました。この普及により、今日では年間2000万鉢以上ものシクラメンが市販されています。

園芸品種の流れ

　シクラメンの園芸品種は、大正末期の栽培開始から昭和30年までは、赤色やサーモンピンクの品種が全体の8割以上を占め、残りが白色品種でした。その後、昭和50年頃までは、海外からの新品種の導入などで品種の幅が格段に広がり、特に花色が豊富になりました。昭和50年以降になると、生活様式の洋風化が進み、室内で映えるパステル色が全盛を迎えます。

　昭和60年頃には、フリル咲きのピンクの覆輪品種、ビクトリア（20ページ参照）がブームになり、平成に入ると生活様式や趣味、嗜好の多様化とともに、花形やサイズの異なる多くの品種が店頭をにぎわせるようになりました。

（左）昭和30年ごろから栽培されている赤色品種、バーバーク。（右）好景気時に好まれる淡いパステル色のショパン。

NP-Y.Suzuki　　　　NP-Y.Suzuki

進化し続ける
シクラメンの魅力

コントラストが鮮やか
なプルマージュ。

NP-M.Tanaka

NP-S.Maruyama

NP-M.Tanaka

↑豪華な大輪のフリン
ジタイプ、ウェディン
グドレス。

←淡いブルーの品種、
そらは、さわやかな香
りも楽しめる。

ますます多彩になるシクラメンの魅力

　鉢植えのシクラメンは、以前に比べ
てコンパクト化してきています。玄関
や出窓などに大きな鉢を置けないケー
スもあり、近年の住宅のスペースに合っ
た4〜5号鉢（直径12〜15cm）が増
えました。また、花自体も大輪ばかり
でなく、中小輪品種も増えてきました。
　花色は室内のインテリアとの調和を
求める傾向が強く、やわらかい色合い
のパステル品種が人気です。2色のコ
ントラストが美しいパステル色のプル
マージュ、花弁の縁が色鮮やかなリッ
プシリーズ、シャイニーシリーズ、花
弁に繊細な刷毛目が入るシャワータイ
プなどがあります。
　花の形では花弁の縁に切り込みが入
るフリンジタイプ、花弁の縁が波打つ
ウェーブタイプなどが人気です。
　さらに培養の技術も進み、青色シク
ラメンや、ミニの八重咲き種なども店
頭に並ぶようになりました。また、香
りを楽しむ品種も出ています。
　12月を迎えると、クリスマスカラー
の赤色のシュトラウスなどに人気が集
まります。一方、葉も斑入りやシルバー
リーフの品種が登場し、おしゃれな印
象で人気を呼んでいます。

8

ガーデンシクラメンを使った寄せ植え。一般のシクラメンと異なり、自分が好きなように植えつけて楽しめるのがガーデンシクラメンのメリット。

ミニシクラメンも人気に

　花の大きさが小さいものを「ミニシクラメン」といい、大輪の「きれい」「美しい」というイメージに対して、花が小さく「かわいい」印象が強く、近年人気を集めています。秋から春まで次々と咲き続け、花期が長いことも魅力で、世代を問わず愛されています。

　花色は赤、白、パステル、2色の覆輪、グラデーションなどと豊富で、最近ではワインレッド、チョコレートカラーなど、シックでおしゃれな色合いも人気があります。

　花の形もフリンジ、ウェーブ、ベル咲きのフリンジなど多彩です。さらに、葉に模様がある品種やシルバーリーフなどもあり、同じ色の花でも葉の違いにより雰囲気が異なるので、寄せ植えの楽しみをさらに広げてくれます。

ミニシクラメンの八重咲き品種チモシリーズのチョコレートカラー。

ガーデンシクラメンの楽しみ方

　ガーデンシクラメンはミニシクラメンのなかから耐寒性のあるものを選抜して生まれた種類なので、比較的寒さに強く、玄関先やベランダでも栽培できます。コンテナ栽培や、花壇での栽培も可能で、楽しみ方が多岐にわたるのが魅力です。大きくならず、ほぼ植えたときの株幅のまま、次々と花を咲かせるので、特に寄せ植えやハンギングに最適です。そのため、花の種類が少ない冬から春にかけての寄せ植えの花材として、人気があります。

　栽培のポイントは、真冬が来るまでに根を張らすこと。12月中旬までには植えつけ、特に、花壇には早い時期に植えつけましょう。ただし、夜間、氷点下が続くような地域では栽培が難しいため、育てるなら夜間は玄関などに入れ、暖かい日の日中は戸外に出し、日光浴させるようにします。

栽培を始める前の基礎知識

シクラメンは、❶ 冬の栽培場所、❷ 鉢の種類、❸ 購入株か夏越しした株か、❹ 夏越しの方法、の4つによって、栽培方法が多少変わります。

❶ 冬の栽培場所

室内

一般的なシクラメン。
⇒栽培方法は29ページから

戸外

寒さに比較的強いガーデンシクラメン。
⇒栽培方法は65ページから

❷ 鉢の種類　シクラメン栽培に使う鉢は2種類あります。

普通鉢

底に穴が開いた一般的な鉢。

NP

● メリット

新しい水を定期的に与え、鉢土が適度に「湿る、乾く」を繰り返すことで、根の張りがよくなります。鉢底からたっぷり水が流れ出るまで与えることで、余分な肥料や老廃物が除かれ、根腐れが起きにくくなります。

● デメリット

水や液体肥料が花や球根にかかることがあり、しみやカビが発生しやすい傾向があります。乾きやすい時期にはうっかり水切れさせて、枯らしやすいので注意しましょう。

● 水やりの方法

「鉢土の表面が乾いてきたら鉢底から流れ出るまでたっぷりと」が基本。「表面が乾いてきたら」とは、鉢土の表面が白く乾いた状態。5号鉢で100cc程度の水が流れ出るまで与えるのが理想的です。

球根や葉、花に水がかからないように水を与える。受け皿に流れ出た水は捨てる。

NP-S.Maruyama

底面給水鉢

鉢底から水を与えるように設計された鉢。受け皿の水量を見ながら水を補給しますが、二重鉢タイプは水量が見えないので、水切れに注意が必要。

底面給水鉢の種類

← 給水用の突起のあるタイプ

→ 受け皿のない二重鉢タイプ

← 不織布から吸い上げるタイプ

● メリット

葉や花、球根に水や液体肥料が直接かかることがなく、花弁にしみや、灰色かび病が発生しにくくなります。普通鉢に比べると、水切れしにくいでしょう。

● デメリット

絶えず底面より水を補給しているため、鉢土内の水分量が多く、通気性が悪くなります。その結果、夏は鉢土の温度が上がり、根腐れを起こしやすくなります。

● 水やりの方法

「受け皿の水が減ってきたら」が基本。受け皿には常に底から3分の2程度水があるようにします。水を切らすと土が乾燥して水が上がらなくなり、株を枯らす原因になるので注意します。ただし、水を多く入れすぎると根腐れの原因になります。

鉢底の口から水を注ぐ。

受け皿の3分の2程度まで水を入れる。鉢底が水につからないように注意する。

❸ 購入株か、夏越しした株か

10月中旬から12月にかけて、開花した状態で園芸店などで販売されます。購入株の鉢には、底面給水鉢と普通鉢の2種類があります。

夏越しした株とは、家庭で1回以上夏を越したことのある株をいいます。球根植物のシクラメンは、上手に夏越しをすれば、毎年花を楽しむことができます。夏越しした株は、家庭の環境になじんでいるため、購入株よりも気温の変化や病害虫に強くなります。

❹ 翌年も花を楽しむ夏越しの方法

非休眠法

葉を残して、生育させながら夏を越させる方法です。休眠法より開花期が1か月ほど早まります。初心者は非休眠法のほうが失敗が少ないでしょう。非休眠法で夏越しした株を、非休眠株といいます（詳細は46ページ）。

休眠法

水やりを中止して鉢土を乾燥させ、葉を枯らして球根だけの状態で夏を越させる方法です。非休眠法よりも開花期が1か月ほど遅くなります。休眠法で夏越しした株を、休眠株といいます（詳細は47ページ）。

シクラメンの栽培の流れ

鉢の違い、夏越し方法などを流れにそって見てみましょう。

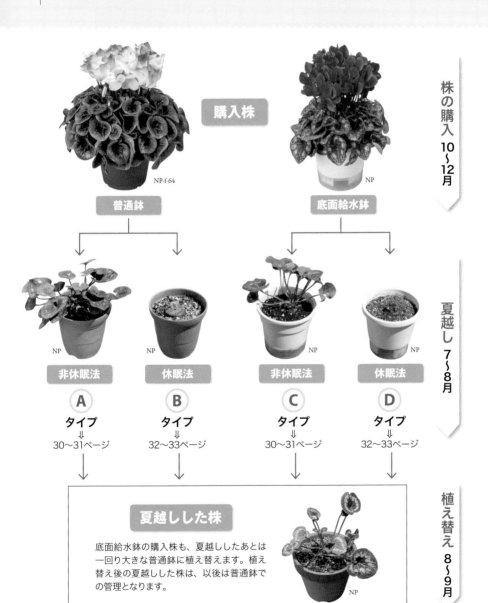

購入株

NP-f-64

NP

普通鉢

底面給水鉢

NP

NP

NP

NP

非休眠法

休眠法

非休眠法

休眠法

A タイプ
⇩
30〜31ページ

B タイプ
⇩
32〜33ページ

C タイプ
⇩
30〜31ページ

D タイプ
⇩
32〜33ページ

夏越しした株

底面給水鉢の購入株も、夏越ししたあとは一回り大きな普通鉢に植え替えます。植え替え後の夏越しした株は、以後は普通鉢での管理となります。

NP

原種シクラメンの魅力

原種シクラメンとは

　一般には「原種シクラメン」とは品種改良されていない「野生種のシクラメン」を指し、品種改良されたものは「園芸種のシクラメン」といいます。園芸種のシクラメンは、野生種のペルシカムから品種改良されたものです。

　種により開花期が違い、葉が展開してから開花する「夏咲き」「冬咲き」「春咲き」と、ヒガンバナのように開花後に葉を展開する「秋咲き」の4タイプ、20種ほどがあります。多くの種には「生育期」と花後から夏までに葉が枯れる「休眠期」（一部は常緑性の種もある）がありますが、ふやすときにはタネから育てます。園芸種はタネをまいてから約1年で開花しますが、原種シクラメンの場合、種類により異なり、2〜5年はかかります。

花と葉の多彩さが大きな魅力

　原種シクラメンの魅力は、花、葉が多彩であることです。

　花の大きさはガーデンシクラメンとほぼ同サイズかやや小さめです。花弁は春咲き種のペルシカムのように先がとがって細長いものから、冬咲き種の

コウムのように丸いものなどさまざまです。花色は白、ピンク、赤紫色で、底紅タイプはありますが、赤色はないようです。

　葉は特に多彩で、丸葉、細長い葉、とがった葉、ハート形の葉などがあります。色は濃い緑色やシルバー、模様がないものや、クリスマスツリーのような模様まであり、葉の変化だけでも十分に楽しむことができます。

　また、比較的耐寒性があり、ガーデンシクラメン同様、庭など戸外での栽培が楽しめるのも大きな魅力です。

育て方のポイント（鉢植え）

　国内で流通する原種シクラメンは大きく「秋咲き種」「冬咲き種」「春咲き種」に分けられます。生育ステージは「生育期」「休眠期」「開花期」に大別でき、開花期以外は種類によって大きく変わりません。鉢植えの栽培のポイントは以下のとおりですが、16ページの「作業・管理暦」、17ページの「庭植えで楽しむ」も参照してください。

■置き場　6月から9月上旬は明るく涼しい日陰に置き、それ以外は日当たりのよい戸外で栽培します。室内では日光不足で徒長し、花が咲きにくくな

るので避けます。雨や冬の寒風、霜に
当たらない軒下などに置きましょう。

■水やり　水の与えすぎは厳禁です。
6〜8月は休眠期ですが、土を完全に
乾かすようなことは避けます。土の表
面が乾いてきたら、鉢土の上半分程度
が軽く湿るくらいの量を目安に水を与
えます（月に2回程度）。冬は鉢土の
表面が乾くのを待って与え、冬咲き種
以外の冬は表面が乾いてきたら1〜3
日待って、用土の上半分が湿る程度与
えます。

■肥料　園芸種より、肥料は少なくし
ます。気温が18〜22℃の3月下旬
〜6月上旬と、9月中旬〜11月中旬
が施肥の適期。カリ分の多い液体肥料
（N-P-K=6.5-6-19など）を規定倍率
に希釈して2週間に1回施します。

■植え替え　2〜3年に1回植え替え
ます。生育期では根を傷め、腐る原因
になるため、休眠期に行います。

イスラエルに自生する
シクラメン・ペルシカム
（上／自然保護区にて）
と、シクラメン・コウム
（右／オデムの森にて）。

↓ギリシャに自生するシ
クラメン・ヘデリフォリ
ウム。林の中や遺跡の
片隅など、ギリシャでは
さまざまな場所で見る
ことができる。

原種シクラメン（鉢植え）の年間の作業・管理暦

		1	2	3	4	5	6	7	8	9	10	11	12
生育状態	秋咲き種			生育				休眠			開花		生育
	冬咲き種		開花		生育			休眠			生育		開花
	春咲き種		生育		開花			休眠			生育		
主な作業					タネの採取、タネまき			タネまき					
						植えつけ、植え替え							
					ベノミル剤（萎凋病）								
管理	置き場						明るく涼しい日陰						
		日当たりのよい戸外									日当たりのよい戸外		
	水やり			表土が乾いてきたら、鉢土の上半分を軽く湿らせる程度（月に2回程度）									
		表土が乾くのを待ってから								表土が乾くのを待ってから			
	肥料	2週間に1回液体肥料（規定倍率に希釈）											
										2週間に1回液体肥料（規定倍率に希釈）			

秋咲き種 ヘデリフォリウム

NP-S.Maruyama

冬咲き種 コウム

NP-H.Imai

春咲き種 ペルシカム

NP-K.Idesawa

原種シクラメンを
庭植えで楽しむ

　原種のシクラメンは種類が多く、それ
ぞれ性質が異なります。庭植えが難し
い種もありますが、庭植えで楽しむため
の共通するポイントを紹介します。

■植えつけ時期

　一般には、6月から、根が動き出す前
の9月上旬までに植えつけます。秋の生
育期に入って芽が動き出すと、根が傷み
やすく、根腐れの原因になるので避けま
しょう。

■植えつけ場所

　午前中の日当たりと、風通し、水はけ
がよく、土が乾きやすい場所が理想です。
少なくとも1日のうち少しは日が当たる
ことが必要ですが、西日など日照りの強
い場所は避けます。

■土づくり

　水はけをよくするために30cm程度
掘り起こし、掘り起こした土1ℓ当たり
に、腐葉土と赤玉土（小粒）を等量混ぜ
たものを0.5ℓほど混ぜ、もとに戻しま
す。植えつけ前には元肥は入れません。

　土の過湿を防ぎ、乾きやすくするため
に、少し土を盛り上げて畝のようにして
植えつけるのもおすすめです。

■植えつけ

　鉢植えで2～3年育てた株で、一度
は開花した株が適しています。根の傷み
を防ぐために、鉢から抜いたら根鉢を崩
さず、根鉢が土の中に潜らないように注
意して植えつけます（81ページ参照）。
植えつけ後、元肥として株元から5
～7cm程度離れたところにリン酸分
の多い粒状の緩効性化成肥料（N-P-
K=6-40-6など）を1株当たり約3g）を
ドーナツ状に表土（深さ1～2cm）に軽
く混ぜ込みます。その後、たっぷり水を
与えます。

■水やり

　植えつけ後1か月間はしっかり根を
張らせるため、土の表面が乾いてきたら
たっぷり水を与えますが、その後は、雨
が降らなければ与える程度で、むしろ与
えすぎに注意します。

■植えつけ後の管理

　冬の寒さで霜柱が立つような場所で
は、バークチップや腐葉土などで株元に
マルチングします。ただし、植えつけ後
すぐにマルチングをすると水の蒸散が妨
げられ、乾きにくくなるので、寒くなる
のを待ってから行います。

　肥料は少なめがよく、気温が18～
22℃の3月下旬～6月上旬と、9月中
旬～10月下旬が適期。カリ分の多い液
体肥料（N-P-K=6.5-6-19など）を規定
倍率に希釈し、2週間に1回施します。

NP H.Imai

シクラメン、ガーデンシクラメンの
花図鑑

シクラメンの園芸品種は、色も形もバリエーションが豊富。新品種も続々と登場しています。ここでは、比較的手に入りやすい代表的な品種を紹介します。

豊富な花色

赤、白、ピンクの濃淡、青など、はっきりとした色のバリエーションが楽しめるのがシクラメンの魅力のひとつ。大輪の「作曲家シリーズ」では、名前ごとに色が違います。

赤色系

シュトラウス

「作曲家シリーズ」のひとつで、人気の高いパステルレッド。

KANEKO SEEDS

黄色系

ネオゴールデンガール

底に紅色が入る品種。底紅の入らないネオゴールデンボーイもある。

ピンク系

KANEKO SEEDS

ハイドン

「作曲家シリーズ」のひとつで、美しいサーモンピンク。

ピンク系

KANEKO SEEDS

シューベルト

「作曲家シリーズ」のひとつで、華やかなパステ
ルピンク。

青色系

江戸ノ青

人気の青色系の中でも、濃くくっきりとした色。

Cyclamen

ピンク系

KANEKO SEEDS

ベートーベン

「作曲家シリーズ」の中でも人気があるレッドバイ
オレット。

白色系

KANEKO SEEDS

ボロディン

「作曲家シリーズ」のひとつで、すっきりとした白。

Cyclamen

花の模様

シクラメンの花弁に入る模様にはいくつかのパターンがあります。縁取りのある「覆輪」、元の部分に色が入る「底紅」、線の入った「刷毛目」など、表情が豊かです。

シャワールージュ

シャワーのような繊細な刷毛目と、覆輪も入る。

ビクトリア

先端のフリルに入る覆輪と底紅がとても優雅。

ストレートピアスパープル

グラデーションのように見える刷毛目が美しい。

→リップオレンジ

グラデーションの覆輪が特徴的。

ハーレカイン

大胆なストライプが目を引く。

プルマージュ

白とピンクの色のコントラストが印象的。

セレナパープル

白の覆輪から刷毛目が入り、色の鮮やかさが際
立つ。

胡蝶

青紫色に白いストライプが入り、花の形はまるで
蝶の羽のよう。

21

Cyclamen

花の形

花弁がすべて反転するのが一般的な咲き方ですが、反転せずに下を向くものも多く出ています。切り込みやフリルの入る「フリンジ咲き」、全体にウエーブがかかった「ロココ咲き」、スカートのような「ベル咲き」などもあり、個性的な花形に「これがシクラメン!?」と驚かされるものばかりです。

KANEKO SEEDS

↑プリマドンナゴールド

刷毛目の先端をゴールドのフリンジが縁取る。下向きに咲くベル咲き。

SNOW BRAND SEED

↑エルフィンマーブル

大きなウェーブが華やか。マーブル模様のような刷毛目も特徴。

→冬桜 F₁ 姫紅赤

下向きの花弁が大きく開くプロペラ咲き。大きなガクが色違いのものもある。

M&BFlora

NP-S.Maruyama

↓ ひらりむらさき二重

下向きに大きく開くプロペラ咲きの花弁にウェーブが入り、大きな白いガクも花弁のよう。

SNOW BRAND SEED

K カムリ・シリーズ

丸い花弁に優雅なフリンジ。下向きに咲くベル咲きもある。

Tatei Kaen

アンジュ

とても珍しい、上向きに咲く、希少品種。

NP-S Takasaki　Taiei Kaen　Takeichi Noen

セレナーディア
ライラックフリル

淡い青紫色が優しい印象の八
重咲き。

カレン

真っ白い存在感のある可憐な花
姿。葉の模様も美しい。

フェアリーピコ

耐寒性に優れた八重咲きのガー
デンシクラメン。花もちがとても
よく、1つの花が1か月以上観
賞できる。

八重咲き

華やかな八重咲き種も多く出ています。
八重より花弁が多いものは「万重咲き」
といいます。

ローゼスローズ

柄がたれて丸く咲くのがキュート
なガーデンシクラメン。中輪種。

M&BFlora

ゴブレット

まるでワインを入れた脚付きグラスのような華やかなガーデンシクラメン。

Takeichi Noen

中輪種・ミニ(小輪)種

近年人気なのが、花も葉も小ぶりなシクラメン。花弁の長さが4cm以下の「ミニシクラメン」と呼ばれるものは、大輪種や中輪種に比べて強く、多くの花をつけるのも特徴です。

Cyclamen

ピポカ

ポルトガル語でポップコーンを意味する名。はじけたようなフリルの中輪のガーデンシクラメン。

ミニオンブランシュ

真っ白な花弁と覆輪のピンクがともに際立つ美しいミニ種。

Takeichi Noen

SNOW BRAND SEED

中輪種・ミニ（小輪）種

パピヨン

愛らしい丸い花弁の中輪種。縁に白い刷毛目が入る。

スーパーベラノ ホワイトウィズアイ

花数が特に多いガーデンシクラメン。色のバリエーションが豊富なシリーズの、白色底紅タイプ。

M&BFlora

NP-S.Takasaki

セレナーディア アロマブルー

さわやかな香りが楽しめるブルー系の小輪種。

Cyclamen

CYCLAMENS MOREL / E. ULZEGA

Takeichi Noen

ペチコート

花弁がフレアースカートのように広がる。1株で
も存在感があるガーデンシクラメン。

スカーレットレッドデコラ

花色が鮮やかで、シルバーに縁取られる葉が特
徴のガーデンシクラメン。

中輪種・
ミニ（小輪）種

ナナ

きらめくような花色が魅力的な
中輪種。花弁の先端に向かって
色が濃くなる。

M&BFlora

ファンタジア

白い覆輪と花色の対比が美しい。花もちが
いいガーデンシクラメン。

ドリームスケープ

華やかな中輪種のガーデンシクラメン。

Takeichi Noen

M&BFlora

28

シクラメン
12か月**栽培ナビ**

主な作業と管理を月ごとにわかりやすくまとめました。
季節にそった適切な手入れで、
美しい花を次々に咲かせましょう。

Cyclamen

NP-M.Tanaka

シクラメンの年間の作業・管理暦

	1月	2月	3月	4月	5月
生育状態		購入株の開花			
		夏越しした株の開花			
主な作業			タネの採取		→ p70
		タネまき		→ p88	
			葉組み		→ p40
				p42 ←	ベノミル剤 (萎凋病)
管理 置き場 ☀			日当たりのよい 雨の当たらない戸外		
	室内の日当たりのよい窓辺 (暖かい日中は日当たりのよい軒下など)				
水やり (Aタイプ)	鉢土の表面が乾いてきたら株元にたっぷり(普通鉢)				
水やり (Cタイプ)	受け皿の水が減ってきたら補給(底面給水鉢)				
肥料	1週間に1回液体肥料(規定倍率に希釈)				
	p37 ← ● 置き肥 (2か月に1回)			● 置き肥 (2か月に1回)	

Aタイプ（普通鉢の株を**非休眠法**で夏越しさせる場合：13ページ参照）
Cタイプ（底面給水鉢の株を**非休眠法**で夏越しさせる場合：13ページ参照）　　関東地方以西基準

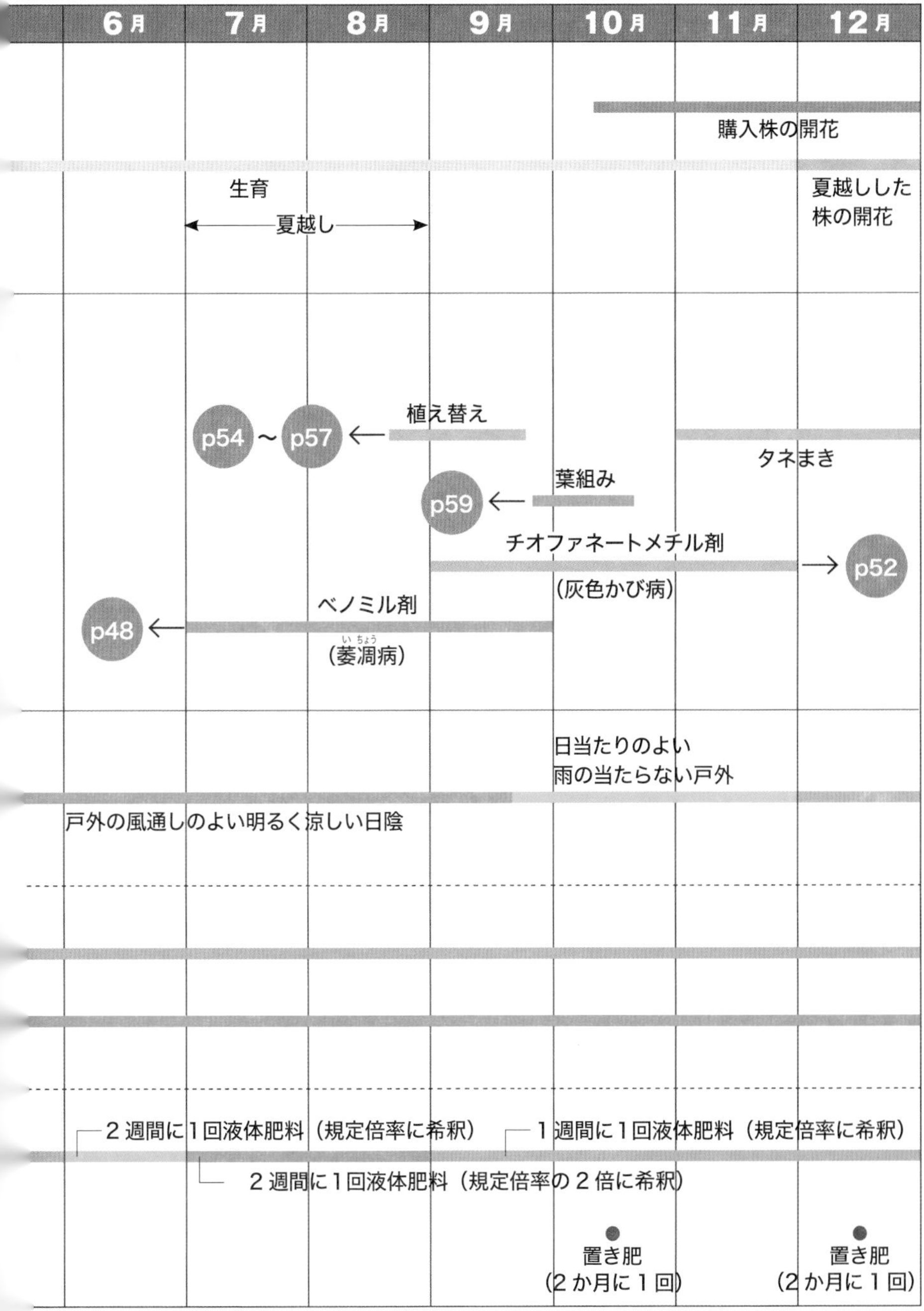

6月	7月	8月	9月	10月	11月	12月

購入株の開花

生育
← 夏越し →
　　　　　　　　　　　　　　　　　　　　　　　　　　　　　夏越しした
　　　　　　　　　　　　　　　　　　　　　　　　　　　　　株の開花

(p54) 〜 (p57) ← 植え替え
　　　　　　　　　　　　　　　　　　　　　　　タネまき
　　　　　　　　　　　(p59) ← 葉組み
　　　　　　　　　　　　チオファネートメチル剤　　　　　　→ (p52)
　　　　　　　　　　　　（灰色かび病）
　　　　　　ベノミル剤
(p48) ←
　　　　（萎凋病）

日当たりのよい
雨の当たらない戸外
戸外の風通しのよい明るく涼しい日陰

┌ 2週間に1回液体肥料（規定倍率に希釈）　　┌ 1週間に1回液体肥料（規定倍率に希釈）
　└ 2週間に1回液体肥料（規定倍率の2倍に希釈）

●　　　　　　　　●
置き肥　　　　　置き肥
（2か月に1回）　（2か月に1回）

シクラメンの年間の作業・管理暦

	1月	2月	3月	4月	5月
生育状態		購入株の開花			生育
		夏越しした株の開花			
主な作業			タネの採取		→ p70
				→ p88	
		タネまき		→ p40	
			葉組み		
				p42 ←	ベノミル剤 (萎凋病)
管理 置き場 ☀				日当たりのよい 雨の当たらない戸外	
	室内の日当たりのよい窓辺 (暖かい日中は日当たりのよい軒下など)				
水やり (Bタイプ) 💧	鉢土の表面が乾いてきたら株元にたっぷり（普通鉢）				
水やり (Dタイプ) 💧	受け皿の水が減ってきたら補給（底面給水鉢）				
肥料 🎲	1週間に1回液体肥料（規定倍率に希釈）				
	p37 ← ● 置き肥 (2か月に1回)			● 置き肥 (2か月に1回)	

32

B タイプ（普通鉢の株を**休眠法**で夏越しさせる場合：13 ページ参照）
D タイプ（底面給水鉢の株を**休眠法**で夏越しさせる場合：13 ページ参照）　　　　関東地方以西基準

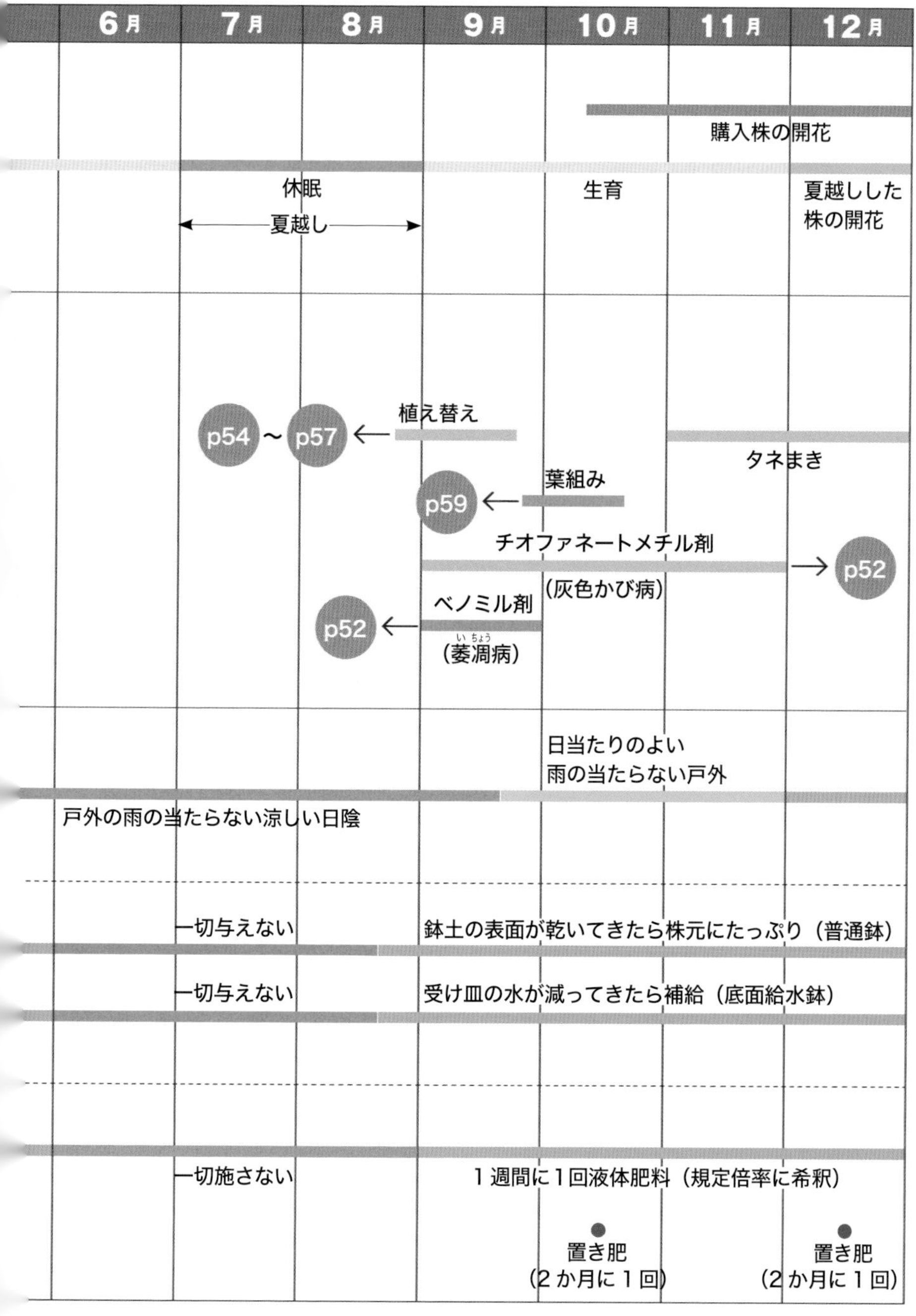

6月	7月	8月	9月	10月	11月	12月

購入株の開花

| | 休眠 | | | 生育 | | 夏越しした |
| | ←　夏越し　→ | | | | | 株の開花 |

p54 ～ p57　←　植え替え

タネまき

p59　←　葉組み

チオファネートメチル剤

(灰色かび病)　→　p52

ベノミル剤

p52　←

(萎凋病)

日当たりのよい
雨の当たらない戸外

戸外の雨の当たらない涼しい日陰

一切与えない　　　鉢土の表面が乾いてきたら株元にたっぷり（普通鉢）

一切与えない　　　受け皿の水が減ってきたら補給（底面給水鉢）

一切施さない　　　1 週間に 1 回液体肥料（規定倍率に希釈）

●　　　　　　　　　●
置き肥　　　　　　　置き肥
（2 か月に 1 回）　　　（2 か月に 1 回）

1月

基本 基本の作業

トライ 中級・上級者向けの作業

1月のシクラメン

　昨年秋から冬に購入した株は、まだまだ花を楽しめますが、中にはちょっとした管理のミスで、花が小さくなったり、だんだん花数が少なくなったり、葉柄（ようへい）が伸びて草姿が乱れてしまったりする株（徒長株）も出てきます。

　一方、夏越しした非休眠株では花が咲きだし、そろそろ満開の時期を迎えます。休眠株では生育の早い株で花が咲き始めます。

花が咲き始めた、夏越しした休眠株。

主な作業

基本 花がら摘み、枯れ葉取り（62 ページ参照）

しおれた花や葉は取る

　咲き終わった花や枯れた葉は、付け根からこまめに摘み取ります。残しておくと、病気などの原因となるので、こまめにチェックしましょう。

基本 葉水

日中、霧吹きで葉に水をかける

　暖房などで室内が乾燥するときは、日中、霧吹きで葉に水をかけて湿度を保ちます。ただし、気温が低くなる夕方までには葉面が乾くように、水の量を加減します。また、花に水がかかるとしみの原因になるので注意します。

暖房の効いた日光不足の室内で育て、徒長してしまった購入株。

34

今月の管理

☀ 暖かい日は戸外に出して、適宜日光浴をさせる

💧 底面給水鉢は受け皿の水が減ってきたら、
普通鉢は鉢土の表面が乾いてきたらたっぷり
水やり

🔅 液体肥料を1週間に1回、
夏越しした株は置き肥も2か月に1回

1月

2月

3月

4月

5月

6月

7月

8月

9月

10月

11月

12月

管理

🛒 購入株の場合

☀ **置き場：昼と夜で場所を変え、暖かい
日中は戸外で日光浴させる**

　日光不足だと株が徒長し、花つきも
悪くなるため、1日4〜5時間は窓辺
で日光に当てます。近年はUV（紫外
線）カット効果のあるガラスやカーテ
ンも多く、その場合は十分に日に当て
たことにはならないので気をつけます。

　暖かい日中（10℃以上）はできるだ
け戸外の日だまりに出して日光浴をさ
せ、午後3時までには室内へ取り込ん
で、冷たい風に当てないようにします。
特に、UVカットガラスやカーテン越
しでは日光不足になりがちなので、で
きるだけ戸外で日光浴をさせます。

　また、室内の窓辺は明け方に急激に
温度が下がるので、就寝前に鉢を部屋
の内部に移し、温度の急激な変化を防
ぎます。

💧 **水やり：乾いてきたら午前中にたっぷり**

　暖かい午前中に行います。夕方や夜
間に水をやると鉢土の温度が下がり、
根傷みを起こすので避けます。

底面給水鉢 受け皿の水が減ってきた
ら、皿の深さの3分の2程度の水位を
目安に与えます。鉢底が水につかるほ
ど与えると鉢土が過湿になり、根腐れ
の原因になります。

普通鉢 鉢土の表面が乾いてきた
ら、鉢底から流れ出るまでたっぷりと
与えますが、受け皿には水をためない
ようにします。また、鉢底から流れ出
ない少量の水やりは、鉢土全体に新し
い水が行き渡らないだけでなく、底部
に新鮮な水が行き渡らず根腐れを起こ
す原因になるので避けましょう。

🔅 **肥料：液体肥料を週に1回**

　最低温度が5℃以下のときや日光不
足の場合は肥料の効き方が悪くなるの
で、暖かい日の午前中に施します。

底面給水鉢 1週間に1回、受け皿に
残った古い水や液体肥料を捨て、新し
い液体肥料（カリ分の多い液体肥料を
規定倍率に希釈した液。36ページ参
照）に入れ替えます。液体肥料の量は
受け皿の深さの3分の2程度が目安。
受け皿の液体肥料がなくなってきたら
水を補います。

普通鉢 水やりを兼ねてカリ分の多い液体肥料（規定倍率に希釈）を1週間に1回、鉢底から流れ出るまで鉢土の上からたっぷりと施します。鉢土の表面が乾きすぎている場合は、軽く水をかけて湿らせたあとに施します。鉢底から流れ出た液体肥料は、受け皿にはためません。

☀ 夏越しした株の場合（普通鉢）

置き場：暖かい日中は戸外で日光浴を

できるかぎり日光に当てます。夏越しした株は購入株よりも丈夫で、寒さに対しても強くなっているので、暖かい日の日中は戸外で十分日光に当て、開花スピードを速めます。

高温で乾燥した室内では伸び始めた蕾が途中でしおれ、枯れてしまうので、暖房の効きすぎた部屋は避けます。また、最高温度と最低温度の差の小さい部屋でゆっくりと生育させた株の開花は遅く、満開になるのは2月下旬から3月です。心配して暖かい部屋などに置くなど、無理に生育させようと焦らないようにしてください。

日光の当たらない玄関などで絶えず花を楽しみたい場合は、数鉢購入して2〜3日おきに順番に、日中戸外で日光浴させるとよい。

水やり：乾いてきたら午前中にたっぷり

購入株の普通鉢に準じます（35ページ参照）。球根の中央に水がかかると、球根が腐ったり、灰色かび病の原因になるので注意します。

肥料：置き肥を2か月に1回、液体肥料を週に1回

三要素等量の錠剤タイプの緩効性化成肥料を2か月に1回の目安で置き肥します。ただし、土が乾きにくくジメジメしている場合は施しません。また、12月に施していれば今月は不要です。

さらに、カリ分の多い液体肥料（規定倍率に希釈）を1週間に1回、鉢土の上からたっぷりと施します。蕾の生育中に肥料が不足すると花が小さくなるので、肥料切れに注意します。

基本 肥料の施し方

シクラメン栽培には液体肥料と錠剤タイプの緩効性化成肥料を用います。

液体肥料

それぞれの規定の倍率で薄めて使います。たとえば1000倍液なら、液体肥料の原液1ml

ペットボトルなどに適量の原液を入れ、水を注いで希釈液をつくる。

基本 置き場

よい例

○ 日当たりのよい窓辺。ただし、夜間は部屋の中央部に移動させる。

悪い例

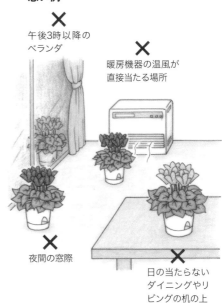

× 午後3時以降のベランダ

× 暖房機器の温風が直接当たる場所

× 夜間の窓際

× 日の当たらないダイニングやリビングの机の上

　シクラメンは、最低温度と最高温度の差（温度較差）が大きいことを嫌うので、温度の変化に合わせて置き場を変えるのが理想。最低温度を5〜7℃、最高温度を20〜22℃とし、温度差を15℃以内にとどめるようにすると元気に育ちます。

を1ℓの水で薄めて使います。シクラメン栽培では通常は規定倍率に希釈し、夏期はその2倍に希釈します。

底面給水鉢

普通鉢

底面給水鉢では、受け皿に残った古い液体肥料や水を捨て、新しい液体肥料を注ぐ。普通鉢では、花や葉、球根にかからないように注意して、株元にたっぷりと施す。

置き肥

　錠剤タイプの緩効性化成肥料は、直接球根に触れないよう鉢の縁の近くに置きます。埋めると急激に溶けて根を傷めることがあるので、必ず置くだけにします。底面給水鉢も、鉢土の上に置くだけで効果があります。右の写真は、球根に直接肥料が触れている悪い例。

37

2月

基本 花がら摘み、枯れ葉取り

基本 基本の作業
トライ 中級・上級者向けの作業

2月のシクラメン

　1年で最も寒い時期を迎え、購入株は室内に置く時間が長くなります。日光不足などで葉が黄化し、少し弱る株が出てきますが、この時期の管理をしっかり行えば、気温が上がる3月にはまた元気に咲き競います。

　夏越しした非休眠株、休眠株は満開の時期を迎え、1年間育ててきた喜びを感じるときです。

満開の時期を迎えた、夏越しした株。

主な作業

基本 **花がら摘み、枯れ葉取り**（62ページ参照）

こまめに株元から取る

　咲き終わった花をそのままにしておくとタネをつけて株が弱るので、球根の元部から摘み取り、枯れた葉も途中で柄を折らないように摘み取ります。

管理

🛒 購入株の場合

置き場：昼と夜で場所を変え、暖かい日は戸外で日光浴させる

　1月に準じます（35ページ参照）。

　室内ばかりで育てていると日光不足になり、せっかく育ってきた蕾が途中でしおれて花が咲かなくなったり、花色が淡くなったりします。また、葉の厚みが薄く、葉色も淡くなって、古い葉から黄化してきます。特に、日光不足で暖房の効きすぎた部屋ではこのような株になりやすいので、暖かい日中（10℃以上）はできるだけ戸外に出し、日光浴をさせましょう。

今月の管理

❄️ 昼と夜で場所を変え、適宜日光浴をさせる
💧 底面給水鉢は受け皿の水が減ってきたら、普通鉢は鉢土の表面が乾いてきたらたっぷり水やり
🌼 液体肥料を1週間に1回

💧 **水やり：乾いたら午前中にたっぷり**

1月に準じます（35ページ参照）。底面給水鉢は、受け皿の水がなくなりにくいので、全てなくならなくても1週間に1回、新しい水に取り替えます。

🌼 **肥料：日光不足なら2週間に1回に**

1月に準じます（35〜36ページ参照）。ただし日光不足の場所では液体肥料を施す間隔をあけ、2週間に1回を目安にします。

暖かい日中はできるだけ戸外で日光浴させる。葉組み（59ページ参照）をして球根の表面に日光を当てると蕾の生育が進む。午後3時までには室内に取り込む。

☀️ 夏越しした株の場合（普通鉢）

❄️ **置き場：暖かい日中は戸外で日光浴を**

1月に準じます（36ページ参照）。

明け方の最低温度を基準にして、最高温度が最低温度プラス15℃以上にならない（明け方の温度が5℃程度なら20℃以下）ように気をつけると非常にうまく生育します。やや温度が低いと蕾の生育スピードは遅くなりますが、日光が不足しないかぎり、ゆっくりと花が咲き、長く楽しめます。

💧 **水やり：乾いてきたら午前中にたっぷり**

1月に準じます（36ページ参照）。

夜間に受け皿に水が残っていると、鉢土の温度が低くなって根腐れを起こすので、流れ出た水は必ず捨てます。

🌼 **肥料：置き肥を2か月に1回、液体肥料を週に1回**

1月に準じます（36ページ参照）。置き肥は1月に施していなければ今月施し、1月にしていたら今月は不要です。

花盛りのこの時期に肥料切れを起こすと蕾の生育が遅れ、花が小さくなったり、株が徒長しやすくなるので、液体肥料は欠かさず施しましょう。

1月
2月
3月
4月
5月
6月
7月
8月
9月
10月
11月
12月

- 基本 花がら摘み、枯れ葉取り
- 基本 病害虫の防除
- トライ 葉組み

基本 基本の作業

トライ 中級・上級者向けの作業

3・4月のシクラメン

　購入株は徐々に花数が少なくなり、4月になると徒長や枯れ葉が目立つようになります。この時期は、花を楽しみながら、弱った株を回復させるときです。3月下旬からは戸外に出して育てます。

　夏、冬を越した非休眠株、休眠株は、3月はまだまだ満開のとき。そして春には、株が一回り大きくなります。4月になっても開花を続けていますが、気温の上昇とともに葉が黄化し、枯れ葉が現れます。

3月、花数が少なく、葉色も薄くなってきた購入株（上）。

4月、花が終わり葉だけになった購入株（下）。

主な作業

基本 花がら摘み、枯れ葉取り（62ページ参照）

元部から摘み取る

　タネをつけやすい時期なので、咲き終わった花や枯れた葉は、こまめに取り除きます。花柄や葉柄の途中で折ると、そこから灰色かび病が発生するので、必ず球根の元部から摘み取ります。

基本 病害虫の防除（85ページ参照）

スリップス、灰色かび病に注意

　気温が上がって空気が乾燥し、スリップス（アザミウマ）が発生しやすくなります。鉢と鉢の間を離し、風通しをよくして予防します。灰色かび病も風通しをよくすることが予防となります。発生してしまったらすぐに別の場所に隔離します。

トライ 葉組み（59ページ参照）

株の中央に日光を当てる

　新芽を生育させるために葉組みをして、株の中央部に日光を当てます。

❄ 昼と夜で場所を変えて適宜日光浴をさせ、最低気温が 10℃以上になったら終日戸外へ

💧 底面給水鉢は受け皿の水が減ってきたら、普通鉢は鉢土の表面が乾いてきたらたっぷり水やり

🎲 液体肥料を1週間に1回、置き肥を2か月に1回

管理

全ての株

❄ **置き場：最低気温が 10℃以上になったら終日戸外へ**

　日中の気温が10℃以上になったら戸外に出し、十分に日光を当てて生育を促進します。3月中旬ごろまでは、日中は戸外の暖かい日だまりに出し、夜間は室内へ取り込みます。

　最低気温が10℃以上になったら、遅霜に注意しながら夜間も戸外の軒下などで管理します。このとき、春の長雨に当てないように注意します。

　4月に入ったら、終日戸外の日当たりと風通しのよい場所で管理します。灰色かび病などが発生しやすくなるので、軒下など雨を避けられる場所が安心です。何鉢かある場合は、葉と葉が触れ合わない程度の間隔を保ちます。

　4月下旬には日ざしも強くなり、葉焼けを起こす株が出てくるので、明るい日陰に移すか、寒冷紗（遮光率30%程度）などで、直射日光を防ぎます。

💧 **水やり：乾いてきたらたっぷり**

　気温の上昇とともに株も育ち、鉢土がよく乾くようになります。毎日様子を観察して、普通鉢は表面の土が乾いてきたら、底面給水鉢は受け皿の水が減ってきたら水を与えます。一度水切れを起こすと1日で葉が黄化し、急に元気がなくなるので注意します。

　一度水切れを起こした底面給水鉢は水を吸収しにくくなるため、鉢土の表面からたっぷりと水を与え、十分に湿らせたうえで、底面から水を吸わせるようにします。このとき、受け皿にたまった水は必ず捨てて、新しい水に入れ替えます。

🎲 **肥料：液体肥料を週に1回、置き肥を2か月に1回**

　3月下旬から生育旺盛期に入り、花を咲かせながら株も生育するので、肥料を切らさないようにします。

　引き続き、液体肥料を1週間に1回、置き肥も2か月に1回のペースで施します。置き肥は2月に施していなければ3月に、2月に施していれば4月に施します。

41

5月

基本 花がら摘み、枯れ葉取り
基本 病害虫の防除

基本 基本の作業
トライ 中級・上級者向けの作業

5月のシクラメン

　気温の上昇とともに、ほとんどの購入株では花が終わり、葉だけになります。夏越しした株も、そろそろ花が終わりに近づきます。

　冬の間に上手に管理した株は、葉の生育が旺盛になり、球根も大きくなりますが、日光不足の状態で生育した株は新葉の発生が悪く、古い葉が黄化して、葉数が減っていきます。

古い葉が少しずつ枯れ、葉が少なくなった購入株。

主な作業

基本 花がら摘み、枯れ葉取り（62ページ参照）

こまめに摘み取る

　咲き終わった花や枯れた葉をこまめに摘み取ります。病害虫予防のためにも、付け根から取り除き、風通しと日当たりをよくすることが大事です。

基本 病害虫の防除（85ページ参照）

予防に殺菌剤を水に溶かしてまく

　スリップスが発生しやすいので、鉢と鉢の間を離し、風通しをよくして予防します。また、株の一部分の葉が突然黄化してしおれる萎凋病も発生しやすくなるので、予防のためにベノミル剤を水に溶かして土の表面にかけます。

萎凋病で葉が黄化した株。

今月の管理

❋ 風通しのよい明るい日陰

💧 底面給水鉢は受け皿の水が減ってきたら、
普通鉢は鉢土の表面が乾いてきたらたっぷり
水やり

🌸 液体肥料を1週間に1回、
置き肥を2か月に1回

管理

全ての株

❋ **置き場：風通しのよい明るい日陰**

日ざしが強くなるので、戸外の軒下など明るい日陰で管理するか、寒冷紗などで30〜40％を目安に遮光します。室内や日陰に置いていた株を急に直射日光下に出すと、1日で葉焼けを起こすので避けましょう。

また、ベランダの隅など風通しの悪い場所では、葉が黄化し、どんどん減ってしまいます。コンクリートや地面の上に直接鉢を置かず、雨に当たらない風通しのよい棚の上などで管理しましょう。

💧 **水やり：水切れしないよう気をつける**

水が切れると葉が黄色くなるだけでなく、大きく育っていく時期の球根が割れやすくなってしまいます。

底面給水鉢 気温が上がるにつれ、受け皿の水が早くなくなるので、なくなる前に補給します。水が減らず、鉢土がジメジメしている場合は受け皿を外し、普通鉢と同様に管理します。

普通鉢 根から水の吸収が盛んになり、鉢土がすぐに乾燥するので、鉢土の表面が乾いてきたらたっぷりと与えます。

🌸 **肥料：葉が少ない株は液体肥料のみ、多い株は置き肥も続ける**

葉の数を見て施し方を変えます。

葉が黄化して少なくなっていく株には、液体肥料のみにします。頻度は引き続き1週間に1回です。

葉が15枚以上ある株は生育を続けているので、同様に液体肥料を施しながら、2か月に1回の置き肥も続けます。

急に直射日光に当たり、葉焼けで葉が黄化した株。

水切れが原因で割れた球根（90ページ参照）。割れ目に水がかかると、病気が発生しやすくなる。

June

6月

今月の主な作業

基本 夏越しの準備

基本 基本の作業

トライ 中級・上級者向けの作業

6月のシクラメン

気温の上昇とともに、元気に生育していた株も、新しい葉の生育が止まります。

気温が25℃以上になると古い葉が黄化して枯れ、葉数も減ってきますが、球根は大きくなる時期です。梅雨時を含めたこの時期に、上手に夏を越すための準備をします。

気温の上昇とともに葉柄が徒長し、葉が少なくなった購入株。

主な作業

基本 **夏越しの準備**（46 〜 47 ページ参照）
株の状態を見極めて方法を決める

シクラメンの夏越しには非休眠法と休眠法の 2 つがあります。株の状態を見極めて方法を選択し、夏越しの準備を行います。

球根が堅く、しっかりしている株は、基本的に夏越しが可能です。葉が枯れたり柄がひょろりと伸びて徒長したりしている株でも、球根が堅ければ大丈夫です。ただし、47 ページ下の A 〜 D のような株は残念ながら夏越しは難しいでしょう。

管理

非休眠株の場合

☀ **置き場：風通しのよい明るい日陰**

梅雨の間は戸外の雨の当たらない風通しのよい明るい日陰で管理します。寒冷紗を使用する場合は50%程度が目安です。

鉢を密集させると葉柄が徒長した

今月の管理

❄ 非休眠株は風通しのよい明るい日陰
　休眠株は葉がすべて枯れたら涼しい日陰
🌢 非休眠株は1週間に1回程度水やり
　休眠株は不要
🎲 非休眠株は液体肥料を2週間に1回
　休眠株は不要

り、むれて病気にかかりやすいので、鉢と鉢の間隔をあけます。梅雨の晴れ間の直射日光は特に葉焼けの原因になるので、直接当てないようにします。

🌢 水やり：週に1回程度

〔底面給水鉢〕高温期には、生育が鈍くなり根からの水の吸収が悪くなるため、受け皿の水があまり減りません。藻が発生したり水が腐ったりするので、1週間に1回は新しい水に取り替えて、藻を洗い落とします。それでも水が減らない場合は、受け皿を取り、普通鉢と同様に管理します。

底面給水鉢の受け皿に発生した藻はきれいに洗い流す。

〔普通鉢〕必ず鉢土の表面が乾いてくるのを待って、鉢底から流れ出るまで与えます。

🎲 肥料：液体肥料を2週間に1回

〔底面給水鉢〕引き続き液体肥料を施しますが、間隔を2週間に1回にします。今まで同様、受け皿に残った水や液体肥料を捨ててから、新しい液体肥料を入れます。

〔普通鉢〕引き続き液体肥料を施しますが、間隔を2週間に1回にします。

💤 休眠株の場合

❄ 置き場：風通しのよい明るい日陰

軒下など雨の当たらない明るい日陰で管理し、葉がすべて枯れたら、家の北側などの涼しい日陰に移します。

ほかの植物への水やり時などに、水がかからないように離して置きます。

🌢 水やり：不要

〔底面給水鉢〕〔普通鉢〕ともに、一切与えません。水を切り始めた株にまた水を与えたり切ったりすると、球根や根が腐る原因になるので避けます。

🎲 肥料：不要

水を切った株には一切施しません。

基本 夏越し

高温多湿の夏が苦手なシクラメンは、夏越しに次の2つの方法があります。多少コツが必要ですが、秋からの生育がよいので、初心者には非休眠法のほうがおすすめです。

非休眠法（ウェット法）

10枚以上葉が残っている株（8月下旬以降は5枚程度に減る場合もある）に、戸外の涼しい風通しのよい明るい日陰で水やりと施肥を続け、生育させながら夏を越させる方法です。夏も生育を続けているため、休眠法に比べて開花期が1か月ほど早まります。一般的には、12月下旬ごろから4月にかけて、花を楽しむことができるでしょう。

高温多湿を嫌うシクラメンにとって、過酷な時期を休眠せずに過ごすので、夏越しの際には、特に病害虫や高温、根腐れに注意します。非休眠法に適した涼しい風通しのよい日陰がない場合は、休眠法のほうが失敗が少ないでしょう。

途中で葉がなくなったら

風通しの悪い場所で管理したり、水の与えすぎなどで根腐れを起こしたり

非休眠法で夏越ししやすい株
葉が10枚以上残っている。

すると、非休眠株の葉が枯れる場合があります。その際は水やりと施肥を中止して休眠法に移行し、鉢土を乾かして球根だけで夏越しをします。ただし、球根を指で押してやわらかい場合は球根が腐っているので廃棄します。

葉が全部枯れてしまった非休眠株。水やりと肥料をストップし、休眠法で管理をする。

夏越しの置き場

非休眠株の夏越しは、いかに涼しく過ごさせるかがポイントです。特に熱帯夜（夜間の最低気温が25℃以上）が続くと、株がむれて腐ることがあります。

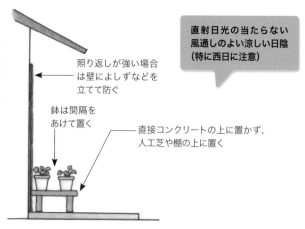

直射日光の当たらない風通しのよい涼しい日陰（特に西日に注意）

照り返しが強い場合は壁によしずなどを立てて防ぐ

鉢は間隔をあけて置く

直接コンクリートの上に置かず、人工芝や棚の上に置く

休眠法（ドライ法）

　葉が黄化して枯れ、枚数が10枚以下になった株は、6月中旬ごろから意図的に水を切り、鉢土をカラカラに乾かして葉をすべて枯らし、球根だけにして雨の当たらない戸外の風通しのよい日陰で管理します。底面給水鉢で乾きにくいときは、受け皿を外します。

　休眠法はシクラメンの自然の性質にそった方法であるため、夏の間に球根が腐ることが少なく、安全な夏越し方法です。ただし、開花期が非休眠法に比べて1か月程度遅くなります。

球根から新しい芽が出てきたら

　雨が当たるところや温度が高いところで管理していると、休眠させている球根から芽が出ることもあります。そ

んな場合は8月下旬に植え替えて水やりを開始し、非休眠株同様に育てます。

非休眠法では夏越ししにくい株
葉が黄化して10枚以下に減っていく。

休眠株でも、地上部が枯れた1か月後くらいから芽が出てくることがある。

夏越しできない株

A　球根を指で押してやわらかい株。球根が腐っている可能性が高い。

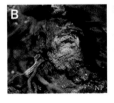

B　球根の一部にカビなどが生え、部分的に腐っている株。灰色かび病、軟腐病などにかかっている。

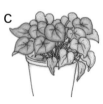

C　株の一部分だけの葉が次々と枯れていく株。萎凋病などの病気にかかっている。

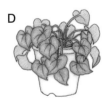

D　鉢土は湿っているのに、葉が緑色のまましおれている株。根腐れを起こしている。

47

今月の主な作業

- 基本 非休眠株の枯れ葉取り
- 基本 病害虫の防除

基本 基本の作業

トライ 中級・上級者向けの作業

7月のシクラメン

　梅雨明け後は気温が上がり、シクラメンにとって最も過酷な時期を迎えます。非休眠株の葉も黄化などで少なくなり、生育もほとんど止まった状態になります。

　一方、休眠株は水を切って約1か月も経過すると鉢土が完全に乾き、葉はすべて枯れます。

夏を迎え、葉が少なくなった非休眠株（上）と、意図的に水やりを中止し、葉を枯らした休眠株（下）。

主な作業

基本 非休眠株の枯れ葉取り

非休眠株は枯れた葉を取り、休眠株は取らずにおく

　非休眠株の枯れた葉を抜き取ります。休眠株は無理に枯れ葉を取ると球根が傷むことがあるので残します。

基本 病害虫の防除（85ページ参照）

萎凋病、スリップス、ヨトウムシに注意

　非休眠株は、萎凋病の予防のために過湿に注意し、さらにベノミル剤を水に溶かして土の表面にかけます。

　一夜にして新芽を食害するヨトウムシにも注意します。また、鉢を詰めて置くと風通しが悪くなり、むれによって灰色かび病などの原因になるので、鉢の間隔をあけて予防します。

過湿が原因で萎凋病にかかった株。葉の一部が黄化し、葉柄も元からしおれている。こうなると回復は難しいので、処分する。

今月の管理

- ☀ 直射日光や雨の当たらない涼しい日陰
- 💧 非休眠株は週に1回水やり。休眠株は不要
- 🔆 非休眠株は薄い液体肥料を2週間に1回
  休眠株は不要

管理

😊 非休眠株の場合

☀ **置き場：直射日光や雨の当たらない涼しい日陰**

日中の温度が30℃を超え始め、鉢に直射日光が当たると鉢土の温度が上がり、根腐れの原因になるので、直射日光を避けて置きます。さらに雨の当たらない明るい軒下や家の北側など、風通しのよい涼しい場所で管理します。

特に熱帯夜（夜間の最低気温が25℃以上）が続くと株が弱るので、夕方に鉢のまわりに打ち水をして、少しでも涼しくしましょう。

💧 **水やり：週に1回ほど**

底面給水鉢 受け皿の3分の2程度の深さを目安に水を入れます。1週間たっても水が残っているときは、新しい水に取り替えます。

普通鉢 鉢土の表面が乾いてきたら、午前中の涼しいうちに鉢底から流れ出るまでたっぷりと与えます。

🔆 **肥料：薄い液体肥料を2週間に1回**

底面給水鉢 液体肥料を6月までより薄く（規定の2倍に希釈）して、2週間に1回受け皿に入れます。

普通鉢 液体肥料を6月までより薄く（規定の2倍に希釈）して、2週間に1回、水やりを兼ねてたっぷり施します。

😴 休眠株の場合

☀ **置き場：雨やほかの水がかからない日陰**

雨の当たらない戸外の風通しのよい日陰で管理します。ほかの植物への水やり時などにも水がからないように、鉢の間隔を離して置きます。

💧 **水やり：不要**

🔆 **肥料：不要**

今月の主な作業

基本 非休眠株は花の摘み取り、
枯れ葉取り

基本 植え替え

基本 病害虫の防除

8月のシクラメン

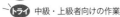

　真夏に入り、非休眠株は新しい葉もほとんど生育しない状態が続きますが、中旬を過ぎると葉柄の付け根の部分から新しい蕾を持った芽が見えてきます。中には蕾が大きく成長し、花を咲かせる株もまれにあります。夏の間に葉がなくなってしまった非休眠株も、球根が堅ければ新しい芽が見えてきます。

　休眠株は指で押して球根が堅ければ健全に夏を越しています。中旬以降、球根の表面から新しい芽が見えてくる株もあります。

植え替え直前に枯れ葉を取り除いた休眠株（右）と非休眠株（下）。

主な作業

基本 **非休眠株は花の摘み取り、枯れ葉取り**
非休眠株の枯れ葉は除く

　非休眠株に花が咲くことがあります。そのままにしておくと株が衰弱するので、できるだけ早く摘み取ります。

　非休眠株の黄化して枯れた葉はこまめに抜き取り、休眠株の枯れた葉は完全に茶色くなりパリパリに乾燥したら取り除きます。

基本 **植え替え**（54 ～ 57 ページ参照）
一回り大きな鉢に植え替える

　8 月下旬から 9 月中旬（夜間の最高気温が 25℃以下になったら）は植え替えの適期です。

基本 **病害虫の防除**（85 ページ参照）
夜、活動するヨトウムシに注意

　ヨトウムシは見つけたら捕殺。また高温期の水やり過多は萎凋病の原因になるので、非休眠株は過湿に注意し、予防のためベノミル剤を水に溶かして土の表面にかけます。

非休眠株は黄化した枯れ葉を抜き取る。

今月の管理

* ❄ 直射日光や雨の当たらない涼しい日陰
* 🌣 非休眠株は週に1回水やり。休眠株は不要
* ⚅ 非休眠株は薄い液体肥料を2週間に1回
　休眠株は不要

管理

😀 非休眠株の場合

❄ 置き場：直射日光や雨の当たらない涼しい日陰

　7月に準じます（49ページ参照）。

　直射日光や雨の当たらない、風通しのよい涼しい戸外で栽培を続けます。

　風通しが悪いと株がむれ、せっかく夏を越した株が腐ることもあるので、鉢の間隔はできるだけあけ、棚の上などに置くようにします。

　ベランダなどで栽培するときは、46ページを参考にし、またエアコンの室外機から出る温風に当てないように注意します。

新しい蕾が出てきた非休眠株。

🌣 水やり：週に1回ほど

　底面給水鉢 7月に準じます。乾かしすぎると、鉢底から出ているひも（不織布）が乾燥して水を吸い上げなくなります。この場合は一度、鉢土の上からたっぷりと水やりをして、受け皿に流れ出た水を新しい水に入れ替えます（64ページ参照）。反対に、1週間たっても受け皿の水がなくならないときは、古い水を捨てて新しい水に入れ替えます。

　普通鉢 鉢土の表面が乾いてきたら、涼しい午前中に鉢底から流れ出るまでたっぷり与えます。

⚅ 肥料：薄い液体肥料を2週間に1回

　7月に準じますが、底面給水鉢の場合も普通鉢の場合も、鉢土が乾いていないのに葉がしおれているときは、根が傷んでいるので肥料は施しません。

💤 休眠株の場合

❄ 置き場：雨やほかの水がかからない日陰

　7月に準じます（49ページ参照）。

　特にこの時期に雨や水がかかると、せっかく休眠状態にした球根が腐ることがあるので気をつけましょう。

🌣 水やり：不要

⚅ 肥料：不要

9月

今月の主な作業

基本 植え替え
基本 病害虫の防除

基本 基本の作業
トライ 中級・上級者向けの作業

9月のシクラメン

　朝夕の気温が下がり始め、シクラメンは生育が旺盛になる時期を迎えます。夏越しした非休眠株は、葉柄の付け根部分（芽点）に次々と新しい芽を出し、葉が展開し始め、小さな蕾も見えてきます。

　夏越しした休眠株も、非休眠株に比べるとやや生育の開始は遅いものの、芽を出します。

　非休眠株、休眠株ともに9月中旬までに一回り大きな普通鉢に植え替え、以降は夏越しした株として共通の管理を行います。

植え替え後1か月が経過して、中央に花芽が出てきた非休眠株（上）と葉が展開してきた休眠株（下）。

主な作業

基本 植え替え（54 〜 57 ページ参照）

9月中旬までに行う

　生育旺盛期を迎える9月中旬ごろまでに、非休眠株、休眠株ともに植え替えます。

　昨年冬に購入した株も、それ以前に購入した株も、植えつけてから1年以上がたつため、鉢の底に細かい土がたまり、通気性や、水はけが悪くなっています。非休眠株では、夏の暑さで軽い根腐れを起こしていることもあります。このままでは新しい根はほとんど伸びず、葉数も花つきも減ってしまいます。

　植え替えが遅れると根の張りが悪くなり、葉も花も少なくなってしまうので、時期を逃さないようにしましょう。

基本 病害虫の防除（85 ページ参照）

ベノミル剤などを散布

　植え替え後、根の植え傷みなどによる萎凋病（いちょう）の予防に、ベノミル剤を水に溶かして土の表面にかけます。

　湿度が高いときは灰色かび病が発生しやすくなるので、チオファネートメチル剤を水に溶かして株の中心部に散布し、予防します。

今月の管理

- ☀ 風通しのよい明るく涼しい日陰
  - ➡その後、雨の当たらない日なた
- 🌧 植え替え後は表土が乾いてきたら水やり
- 🎲 植え替え後 2〜3週間は施肥不要

管理

植え替え後の管理

☀ **置き場：風通しのよい明るい日陰**
➡雨の当たらない日当たりのよい場所

　植え替え直後に直射日光に当てると葉焼けを起こすので、植え替え後1週間は戸外の涼しく風通しのよい明るい日陰に置きます。その後は、日当たりのよい雨にぬれない場所へ移します。秋の長雨に当てると灰色かび病などが発生する原因になるので注意します。

🌧 **水やり：植え替え時と乾いたらたっぷり**

　植え替えたときにたっぷりと与えます。根の張りをよくするため、次の水やりは鉢土の表面が乾くまで行いませ

ん。その後、鉢土の表面が乾いてきたら、葉や球根にかけないように鉢土の上からたっぷり与えます。

🎲 **肥料：植え替え後はしばらく不要**

　植え替え後2〜3週間は肥料を施しません。植え替え後、シクラメンはすぐに芽や葉を生育させず、土の中に新しい根を伸ばしていきます。この時期に肥料を施すと、芽や葉の生育が促進され、反対に根の生育は弱くなってしまいます。

　その後、どんどん葉が展開し、蕾が大きくなり始めたら、肥料切れさせないようにします。カリ分の多い液体肥料（規定倍率に希釈）を週に1回、水やりを兼ねて午前中にたっぷり施します。

Column

F_1シクラメンとは？

　シクラメンには品種名が明記されずに市販されるものも多くあります。品種名の代わりに「F_1シクラメン」のラベルがついたものは、異なる系統や品種の両親を交配してできた「F_1種子（雑種第1代）」から育てたシクラメンを指しています。

　F_1シクラメンは株に力があって生育のそろいがよく、丈夫な株になります。
　シクラメンだけでなく、多くの花や野菜にF_1品種があります。F_1品種は、そのタネを取って育てても、親と同じ形質のものはできません。

基本 植え替えの準備 （非休眠株、休眠株共通）

鉢の選び方

購入株の多くは底面給水鉢に植えられていますが、これ以降は普通鉢を使ったほうが育てやすいので、プラスチックや素焼きの普通鉢に植え替えるのがおすすめです。

鉢のサイズは一回り（直径で3cm程度）大きなものを選びます。深さは20〜25cm程度でよく、これ以上深いと底部に水がたまりやすいので避けます。

底面給水鉢（右）とプラスチックや素焼きの普通鉢。

Column

鉢はどこまで大きくするか

一度夏を越した株は栽培環境に順応し、その後の夏越しは比較的簡単で、大株になります。3年を経過した株で鉢を大きくしたくない場合は、休眠法で夏越しさせ、植え替え時に古い土を落として、同じサイズの鉢に植え替えるとよいでしょう。同じサイズの鉢は3年ほど繰り返し使うことができます。

用土の配合

古い土を使い続けると根から病気にかかりやすくなるので使用せず、下の配合例を参考に、水はけと通気性のよい清潔な用土で植え替えます。赤玉土は植えつけ後の根の張りがよい小粒や細粒を使用し、大粒は避けましょう。

> **配合例A**：赤玉土（小粒）6、腐葉土4
> **配合例B**：赤玉土（小粒）3、日向土（細粒）
> 　　　　　　または軽石（小粒）3、腐葉土4
> ＊根鉢の底部で少し根腐れを起こしている
> 　株は、通気性、水はけのよい配合例Bが
> 　適しています。

元肥

根の伸長促進効果があるリン酸分を多く含む粒状の緩効性化成肥料を用土に混ぜます。施す量は草花などの規定量の3分の2程度を目安にします。

元肥としてリン酸分の多い粒状の緩効性化成肥料を混ぜておく。写真は用土の配合例Aの場合。

基本 夏越しした株の状態

😊 非休眠株

◎ 健全な株

> 葉色がよく、10枚以上の葉がある

球根が堅く、葉の元部（芽点）に新しい葉と蕾が動きだしている。

○ やや健全な株

> 葉柄が徒長気味だが新芽が動き出している

球根が堅く、葉の元部（芽点）に新しい葉と蕾が少しでも生育を始めていれば、植え替え後に回復する。葉が残っていても一部が黄化し、葉柄も腐りかけている株は、萎凋病（いちょうびょう）にかかっている可能性があり、植え替えても回復しないこともある。

△ 葉が1枚もない株

> 葉がなく、土は湿っている

球根がやわらかかったり、芽点が黒くなったりしている場合は、植え替えても回復は難しい。球根が堅く、芽点が死んでいなければ、植え替え後、回復する。

😴 休眠株

　6月中旬ごろから意図的に水を控え葉を枯らした休眠株は、球根が堅ければ8月下旬ごろから芽が育ち始めます。

◎ 堅い球根

球根が堅く、表面に新しい芽が見えている。植え替えれば茎葉が伸びてくる。

✕ しおれた球根

✕ やわらかい球根

球根がしおれていたり、指で押してやわらかければ、残念ながら植え替えても回復しないので廃棄する。

1月
2月
3月
4月
5月
6月
7月
8月
9月
10月
11月
12月

55

株を整える

植え替えの3〜5日前にカリ分の多い液体肥料を規定倍率に薄めて施し、株に力をつける。枯れ葉を取り除き、蕾や花があれば、今後の生育のため、付け根部分から摘み取る。

鉢底石を敷く

鉢底に、水はけをよくするためゴロ石や発泡スチロール片などを敷く。鉢の深さは20〜25cm程度とし、深鉢を使用する際はゴロ石などを多めにする。

用土を入れる

鉢の3分の1程度まで用土を入れる。

株を移す

根鉢を崩さないように鉢から株をそっと抜き、新しい鉢に入れる。

用土を入れる

鉢との隙間に用土を入れ、球根が埋まらず、根鉢の上が1cmほど出るように浅植えにする。土の量は、鉢の縁から1〜2cm下まで。

たっぷり水を与える

水を与え、約1週間は明るい日陰に置いて落ち着かせる。

基本 休眠株の植え替え

適期＝8月下旬～9月中旬（夜温25℃以下）

枯れ葉を取り除く

枯れ葉をすべて取り除き、球根が堅いことを確認する。球根がやわらかいと回復不可能なので廃棄する。

鉢から抜く

休眠株を根鉢ごと鉢から抜く。

土を落とす

古い土をすべて落とす。根を引っ張って球根を傷つけないように注意する。

根を切り落とす

よく切れるハサミで、古い根の3分の2程度を切り落とし、半日ほど切り口を乾かす。

用土を入れ、球根を置く

鉢底にゴロ石を敷き、鉢の2分の1程度まで用土を入れて、球根の根を広げて鉢の中央に置く。

浅めに植え、水を与える

用土の量は鉢の縁から1～2cm下までを目安にし、球根の上半分が土の表面から出る程度に浅植えする。表面を整えたら球根に水がかからないように注意してたっぷりと水を与える。

1月

2月

3月

4月

5月

6月

7月

8月

9月

10月

11月

12月

57

10月

今月の主な作業

基本 病害虫の防除
トライ 葉組み

基本 基本の作業
トライ 中級・上級者向けの作業

10月のシクラメン

　夜間の気温が20℃を切り、昼夜の温度差がはっきりする10月は、シクラメンの生育に最も好ましい時期です。植え替えた株は次々と新しい葉が増え、蕾もたくさん見えてきます。夜の気温が10℃以下になるまでは、一日中、戸外で栽培することができます。

　一部の地域では早出しの開花株が店頭に並びます。早めに株を購入した場合は、12月の購入株の管理を参照してください（63ページ）。

主な作業

基本 病害虫の防除（85ページ参照）

灰色かび病に注意

　夜間の温度が低くなり、湿度が高いと灰色かび病が発生しやすくなります。夕方には水を与えず、風通しのよい場所で管理して、予防のためチオファネートメチル剤を水に溶かして株の中心部にかけます。

トライ 葉組み

葉を外に出して球根に日光を当てる

　球根の上の芽点に日光を当てるために、葉を外側に出す葉組みをします。新葉、蕾の生育を促進する効果があり、これを行うと花数、葉数が増えます。夏だと葉を傷つけたり、花の形が崩れたりしやすいので、生育旺盛なこの時期に行います。

葉が増えてきた非休眠株（上）と休眠株（右）。

今月の管理

※ 日当たりよく雨の当たらない場所

△ 鉢土の表面が乾いてきたらたっぷり水やり

▦ 置き肥を2か月に1回、
液体肥料を1週間に1回

トライ 葉組み

適期＝9月下旬〜10月中旬、3月〜4月

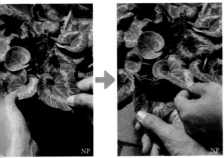

株の中心の葉を下の葉(古い外側の葉)の下にもっていき、株の中央部をあけるようにする。

葉組み終了

中央部に日がよく当たり、風通しもよくなる。終わったら直射日光を避け、2〜3日間明るい日陰に置いたあと、日当たりのよい場所へ戻す。

管理

※ 夏越しした株の場合(普通鉢)

▦ **置き場：日当たりよく雨の当たらない場所**

　戸外の日当たりのよい場所で、雨に当てないようにします。日当たりが悪いと蕾が十分に育たず、花数がかなり少なくなります。また鉢を詰めて置いたり日当たりが不足したりすると、葉柄が伸びすぎて弱い株になってしまいます。霜が降りる頃まで、室内に取り込む必要はありません。

△ **水やり：表面が乾いてきたらたっぷり**

　鉢土の乾燥に注意します。鉢土の表面が乾いてきたら、球根や葉に水がかからないように、たっぷり与えます。

▦ **肥料：置き肥と液体肥料を併用**

　植え替え1か月後より、三要素等量の錠剤タイプの緩効性化成肥料を2か月に1回施します。土に混ぜ込むと急激に溶け出すことがあるので、必ず鉢土の上に置きます(37ページ参照)。

　液体肥料の追肥も不可欠です。カリ分の多い液体肥料(規定倍率に希釈)を1週間に1回、株元に施します。

1月
2月
3月
4月
5月
6月
7月
8月
9月
10月
11月
12月

59

November

11月

今月の主な作業

基本 花がら摘み、枯れ葉取り
基本 病害虫の防除

基本 基本の作業
トライ 中級・上級者向けの作業

11月のシクラメン

　一般に今月中旬あたりから、開花株が多く店頭に並び始めます。早めに購入した場合は、12月の購入株の管理を参照してください（63ページ）。

　夏越しし、植え替えた株は生育を続けますが、気温の低下とともに、生育スピードはやや遅くなります。

　非休眠株は葉数が増え、株も大きくなり、蕾も増えて花柄が2〜4cm程度の長さになります。中には花を1〜2輪咲かせる株もあります。

　休眠株はまだ株は小さい段階ですが、葉の下では蕾が生育し、大きくなってきています。

☀ 主な作業

基本 花がら摘み、枯れ葉取り（62ページ参照）

枯れたものは早めに取る

　咲き終わった花や枯れた葉は、付け根からこまめに摘み取ります。

基本 病害虫の防除（85ページ参照）

予防に殺菌剤を散布する

　灰色かび病が発生しやすい時期なので、予防にチオファネートメチル剤を水に溶かして株の中心部に散布します。

葉柄に灰色かび病が発生した株（左）と、花弁に発生した株（右）。湿度が高く、温度がやや低いときに発生しやすい。発生したらすぐに病変部を取り除き、ほかの株から隔離する。予防が大事。

株が大きくなった非休眠株（上）と休眠株（右）。葉の下では蕾が伸びてきている。

60

今月の管理

❄ 日当たりよく雨の当たらない場所

💧 鉢土の表面が乾いてきたらたっぷり水やり

🎲 液体肥料を1週間に1回、
置き肥を2か月に1回

管理

☀ 夏越しした株の場合（普通鉢）

❄ **置き場：日当たりよく雨の当たらない場所**

生育を続けている非休眠株、休眠株ともに日光は不可欠なので、日当たりのよい戸外の軒下などで栽培します。

夜の最低気温が10℃以下になる日は、夕方、暖房の効いていない玄関などに取り込みます。ただし、終日室内で管理すると日光不足のため蕾の生育が遅れたり葉柄が徒長したりするので、日中は戸外で育てます。

💧 **水やり：表面が乾いてきたらたっぷり**

鉢土の表面が乾いてきたら、午前中に葉や球根にかからないように鉢底から流れ出るまでたっぷり株元に与えます。

🎲 **肥料：置き肥と液体肥料を併用**

葉、蕾の生育が著しいこの時期に肥料が不足すると、葉数が少なくなるばかりか、蕾の柄も細く、花も小さくなります。引き続き、カリ分の多い液体肥料(規定倍率に希釈)を1週間に1回、置き肥も2か月に1回のペースで施します（36〜37ページ参照）。置き肥は10月に施していなければ今月施し、10月に施していれば今月は不要です。

Column

シクラメンは1枚の葉に 1個の蕾がつく

植え替えた株は、1か月もすると球根上部の芽点から新しい葉と蕾が見えてきます。10月から11月にかけては、葉数がどんどん増えるときです。

シクラメンは、1枚の葉に1個の蕾が向かい合うようにつきます。葉の数が多いほど、花が多く咲くということです。そのため、肥料を十分に施して葉数を増やすことが大切です。花がまだ咲いていないからと気を抜かず、肥料切れを起こさせないように気をつけましょう。

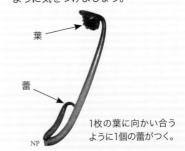

葉

蕾

1枚の葉に向かい合うように1個の蕾がつく。

順調に生育し、1か月半から2か月後に開花期を迎える夏越しした株。

61

基本 基本の作業
トライ 中級・上級者向けの作業

12月のシクラメン

　本格的なシーズンを迎え、店頭に色とりどりのシクラメンが並びます。花の少なくなるこの時期、次々と花を咲かせるシクラメンは、見る人を楽しませてくれます。花を長く楽しむには、購入後1か月間の管理がとても大切です。

　一方、夏を越した非休眠株は、早いものではそろそろ花が咲き始めます。休眠株はやや開花は遅れますが、株元に3～4cm程度の長さの蕾が見え、開花も間近です。

冬を彩るシクラメン。

主な作業

基本 花がら摘み、枯れ葉取り
こまめに摘み取る

　咲き終わった花や枯れた葉は、こまめに摘み取ります。途中で折れたものも、きれいに取り除きましょう。そのままにしておくと灰色かび病などにかかりやすくなってしまいます。摘み取った直後の水やりは、株元にかかると腐る原因になりやすいので避けます。

基本 花がら摘み

球根の元部の花柄を、人さし指と親指でつかみ、片手で軽く押さえ、ひねるようにして抜き取る。

基本 枯れ葉取り

球根の元部から、葉柄を残さないようきれいに抜き取る。

今月の管理

- ☀ 日当たりのよい窓辺に置き、適宜日光浴をさせる
- 💧 底面給水鉢は受け皿の水が減ってきたら、普通鉢は鉢土の表面が乾いてきたらたっぷり
- 💊 液体肥料を1週間に1回、夏越しした株は置き肥も2か月に1回

管理

🛒 購入株の場合

☀ **置き場：日当たりのよい窓辺などに置き、暖かい日中は戸外へ**

　購入株は、出荷前まで栽培農家で最低温度15℃以上で管理されているので、まずは家庭内の環境になじませる必要があります。

　日当たりのよい窓辺などに置き、暖かい日の日中（10℃以上）は戸外に出し、日光によく当てましょう。光が不足すると葉柄がひょろりと伸び、花色、葉色も悪くなり、蕾が枯れてしまうこともあります。

　また、毎日同じ場所で同じ方向から日光を当てていると、草姿が乱れてく

同じ方向から日光を浴びて、草姿が乱れた株。

るので、ときどき鉢の向きを変えるようにします。

　シクラメンは比較的寒さに強い反面、高温（25℃以上）を嫌います。暖房が効きすぎた部屋では株が弱くなり、花1輪の寿命が短くなってしまいます。明け方5℃以下、昼間は20℃以上にならないようにし、1日の温度差を15℃程度にするのが理想です。

💧 **水やり：乾いてきたら午前中に**

　市販されているシクラメンの鉢には、底面給水鉢 と 普通鉢 があります（10〜11ページ参照）。どちらの場合も冷え込む夕方から夜間の水やりは避け、午前中に行います。

　底面給水鉢 受け皿の水が減ってきたら、受け皿の深さの3分の2程度の水位を目安に与えます。

　水やりを忘れ、葉がしおれるほど鉢土が乾いてしまったときは、受け皿から水が上がりにくくなります。そんなときは、鉢土の表面から水をたっぷり与えると、1〜2日で元に戻ります（64ページ参照）。

　普通鉢 鉢土の表面が乾いてきたら、花、葉、球根にかからないように、鉢底から流れ出るまで、鉢土の表面か

らたっぷりと水を与えます。受け皿に流れ出た水は捨て、水をためないようにします。

■ 肥料：液体肥料を週に1回

施し方は、ともに36～37ページを参照。

底面給水鉢 カリ分の多い液体肥料（規定倍率に希釈）を1週間に1回施します。

普通鉢 購入後、7～10日ほど家庭の環境に慣らしたあと、暖かい午前中にカリ分の多い液体肥料（規定倍率に希釈）を1週間に1回施します。または、三要素等量の錠剤タイプの緩効性化成肥料を2か月に1回、鉢土の上に置きます。土の中に押し込むと、急激に溶け出して根を傷めることがあるので、球根に直接触れないよう、必ず鉢土の上の縁のほうに置きます。

☀ 夏越しした株の場合（普通鉢）

❄ 置き場：温度差が小さいところで管理

非休眠株、休眠株ともに、購入株に準じます（63ページ参照）。

夏越しした株は一般に葉数が少ないため、特に暖房が効きすぎた部屋（25℃以上）では、葉が大きくなったり、葉柄が急に伸びたりして株が弱くなります。37ページの置き場の基本を参考に、できるだけ高温にならずに温度差が小さくなるように管理します。

■ 水やり：乾いてきたらたっぷり

鉢土の乾燥に注意し、鉢土の表面が乾いてきたら、球根や葉にかからないように、鉢底から流れ出るまでたっぷりと与えます。受け皿に流れ出た水は捨て、ためないようにします。

■ 肥料：置き肥を2か月に1回、液体肥料を週に1回

花を次々に咲かせ続けるには、肥料切れしないようにします。11月に錠剤タイプの緩効性化成肥料を置き肥していない場合は、今月施します。さらに、花や葉の色を鮮やかにするために、カリ分の多い液体肥料（規定倍率に希釈）を1週間に1回、株元に施します。

基本 底面給水鉢
しおれた株の回復

底面給水鉢 で葉がしおれるまで鉢土が乾いてしまったら、受け皿からでは吸水しにくくなります。そうなったら、鉢土の表面から水をたっぷり与えるとよいでしょう。枯れる前なら、1～2日で水が上がります。

鉢土の表面からたっぷりと水をかけ、受け皿に流れ出た水をすべて捨てる。その後、すぐに受け皿に新しい水を入れ、以後は底面から給水させる。

ガーデンシクラメン
12か月
栽培ナビ

主な作業と管理を月ごとにわかりやすくまとめました。
庭植えや寄せ植えなどで、
可憐なシクラメンを楽しみましょう。

Garden
Cyclamen

NP-M.Tanaka

ガーデンシクラメンの年間の作業・管理暦

	1月	2月	3月	4月	5月	

生育状態

購入株の開花

夏越しした株の開花

主な作業

タネの採取 → p70

→ p88

タネまき p75 ～ p76 ← 植え替え（鉢戻し）

ベノミル剤 p42 ← （萎凋病）

管理

置き場 ☀
日当たりのよい霜の当たらない軒下など
（夜間、氷点下が続くようなら夜間は室内）

水やり
土の表面が乾いてきたら株元にたっぷり

肥料
1週間に1回液体肥料（規定倍率に希釈）

（非休眠株）

6月	7月	8月	9月	10月	11月	12月

購入株の開花

生育

夏越しした株の開花

夏越し

p82 ～ p83 ← 植えつけ（地植えは10月上旬～11月中旬）

p59 ← 葉組み

チオファネートメチル剤

（灰色かび病） → p79

ベノミル剤

p48 ←

（萎凋病）

戸外の風通しのよい涼しい明るい日陰

日当たりのよい霜の当たらない軒下など
（夜間、氷点下が続くようなら夜間は室内）

2週間に1回液体肥料（規定の2倍に希釈）

1週間に1回液体肥料（規定倍率に希釈）

67

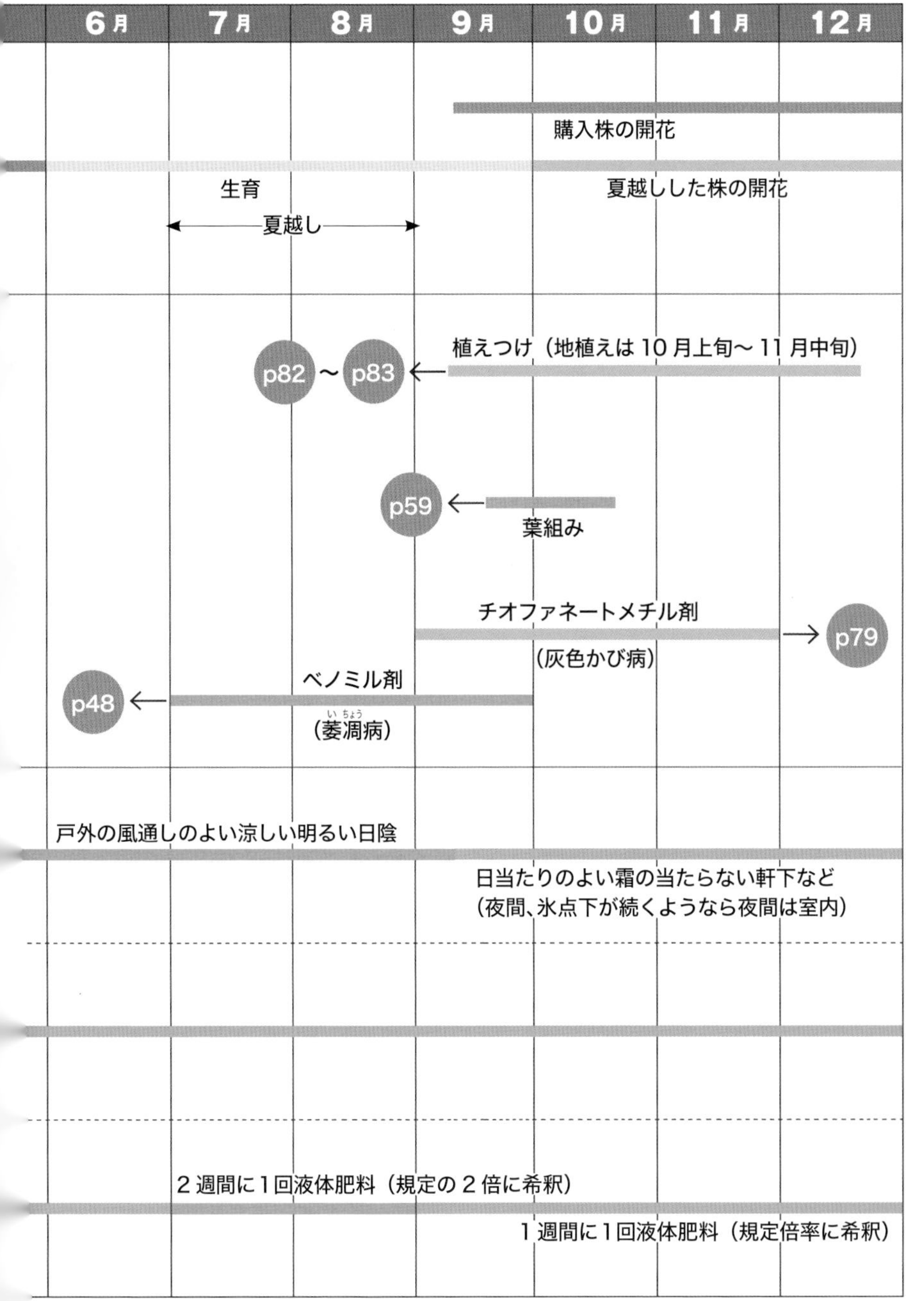

1月

1月のガーデンシクラメン

　昨年の秋に購入し、花壇や鉢に植えつけた購入株は、次々に花を咲かせます。

　夏越しした株も昨年より一回り大きくなり、購入株よりもやや遅れて開花を始めます。

次々と花を咲かせる夏越ししたガーデンシクラメン。昨年に比べて一回り大きくなった。

主な作業

基本 花がら摘み

花を次々咲かせるには花がらをこまめに摘み取る

　花が咲き終えたあと、そのままにしているとタネをつけることがあり、株が弱ります。次々と花を楽しむためには、タネに栄養を取られないよう、咲き終えた花は柄を球根の付け根から摘み取ります。

咲き終えた花は柄を球根の付け根から摘み取る。

今月の管理

❄ 日当たりのよい場所。夜間は軒下など

💧 表面が乾いてきたら午前中にたっぷり水やり

🔲 液体肥料を1週間に1回

管理

❄ **置き場：日中は戸外の日なた、夜間は霜の降りない軒下など**

　1日を通して戸外の日当たりのよい霜が降りない場所で育てます。前年の11月中旬ごろまでに植えつけた株は十分に根が張っているので、最低気温が0℃程度ならば、夜間も軒下などで大丈夫です。

　戸外で育てた株は葉柄がひょろりと伸びるような徒長が少なく、花も次々に咲き、室内で育てた株よりも、花の寿命が長くなります。

　室内で楽しむ場合は、できるだけ1日の温度差の少ない（差が5～15℃程度）日当たりのよい窓辺で育てます。できれば、ときどき戸外へ出して日光に当てるようにします。暖房の効きすぎた部屋や日光の当たらない部屋で育てると、花数が少なくなるばかりか、葉柄が徒長してくるので避けます。

💧 **水やり：表面が乾いてきたら、午前中にたっぷり**

　鉢土の表面が乾いてきたら、午前中に株元にたっぷりと与えます。葉や花、球根に多少水がかかっても問題ありませんが、気温の下がる夕方までには、葉についた水が乾いているようにします。

　花壇も土の表面が乾いてきたら、暖かい日の午前中に水やりをしますが、土が乾かない場合は水やりは控えます。

🔲 **肥料：液体肥料を1週間に1回**

　次々と花が咲くので、肥料が切れないようにします。耐寒性を高めるカリ分の多い液体肥料（規定倍率に希釈）を1週間に1回、花や葉にはかけないように株元に午前中に施します。

スカート形のペチコートの寄せ植え。

69

2月

基本 タネの採取

基本 基本の作業

トライ 中級・上級者向けの作業

2月のガーデンシクラメン

寒さに負けず、玄関先、ベランダ、花壇で次々に花を咲かせます。関東地方以西の比較的暖かい地域では、霜が降りた朝などに葉が凍ったようになりますが、温度が上がる日中には元に戻ります。

夏越ししたガーデンシクラメンの球根は大きく、根も十分に張っているので、さらに寒さに強く、花数も多くなります。

戸外で明け方の気温が0℃以下になる場合は、不織布を株にかぶせると花弁の傷みが防げます。

人気の刷毛目種の寄せ植え。

主な作業

基本 タネの採取

花を摘み取らず、外皮が乾いたら取る

花が咲き終えたあと、そのままにしておくとタネをつけることがあります。タネを取る場合はそのまま残し、果実の外皮が乾燥するまでおきます。自然に外皮が割れ、中のタネが見えてきたら採取します（目安は4月末まで）。

取ったタネは、風通しのよい場所で乾燥させます。カラカラに乾いたら封筒などの紙袋に入れ、さらにポリ袋やジッパー付きの袋に入れて冷蔵庫の野菜室などで保存します。タネから育てる方法は88ページを参照。

タネをつけた株。

今月の管理

❄ 日当たりのよい場所。夜間は軒下など
🌙 表面が乾いてきたら午前中にたっぷり水やり
🎲 液体肥料を 1 週間に 1 回

1月
2月
3月
4月
5月
6月
7月
8月
9月
10月
11月
12月

管理

❄ **置き場：日当たりのよい軒下など**

　1年で最も寒い時期ですが、戸外の日当たりのよい場所で育てます。理想的な場所は北風の当たらない、日当たりのよい軒下です。ただし、鉢植えの場合、夜間の最低気温が0℃以下になるときは、暖房の効いていない玄関などに夜の間だけ鉢を取り込みます。あるいは、夜間、株全体を不織布で覆います。

　室内で育てる場合は、日当たりのよい窓辺などで管理しますが、暖房の効きすぎた部屋は避けます。

🌙 **水やり：表面が乾いてきたら、午前中にたっぷり**

　鉢土の表面が乾いてきたら、午前中に株元にたっぷり与えます。ただし表面が乾く前に与えると、夜間に鉢土の温度を下げてしまい、根腐れの原因になるので避けましょう。

　花壇に植えたものも同様に、土の表面が乾いてきたら、暖かい日の午前中に水やりをします。

🎲 **肥料：液体肥料を 1 週間に 1 回**

　低温期は開花スピードがやや遅くなりますが、蕾がゆっくりと成長しているので、カリ分の多い液体肥料（規定倍率に希釈）を 1 週間に 1 回、株元に施します。ただし土の表面が乾きにくいときは、肥料を控えるようにします。

切り花で楽しむ

　ヨーロッパではシクラメンは切り花としても楽しまれています。シクラメンは水あげがよく、7〜10 日程度楽しむことができます。普通の大輪のシクラメンが一般的ですが、ガーデンシクラメンでも楽しめます。

　家庭で咲かせた花を切り花で楽しむには、開花してあまり日がたっていないものを花柄の付け根から抜き、よく切れるハサミやカッターで 1 〜 2cm 柄をカットして、水にさします。暖房の効きすぎた部屋では日もちが悪いので、できるだけ温度差の小さい場所で楽しみましょう。

NP-M.Tsutsui

今月の主な作業

基本 花がら摘み、枯れ葉取り

基本 4月中旬以降は植え替え（鉢戻し）

基本 基本の作業

トライ 中級・上級者向けの作業

3・4月のガーデンシクラメン

寒さが弱まり、日中の温度が日ごとに高くなるにつれて、昨年秋に購入して植えた株も、夏越しした株も、花数が増し、満開のときを迎えます。新しい葉も育って、増えていきます。軽く葉組み（59ページ参照）をすると、花が咲きやすくなります。

4月中旬になると、花の季節は終わりに近づきます。

花壇で咲き誇る満開のガーデンシクラメン。

主な作業

基本 花がら摘み、枯れ葉取り

こまめに摘み取る

咲き終わった花や黄化した葉は、球根の元部から摘み取ります。つけたままにしておくと、株が弱ったり、病害虫の原因になることもあるので、こまめに摘み取りましょう。

基本 植え替え（鉢戻し）（75〜76ページ参照）

花が終わりになったら鉢に植え替える

4月には花も終わりに近づきます。花壇や寄せ植えの株は、花が終わる4月中旬ごろから鉢に植え替えて（「鉢戻し」という）夏越しの準備をします。

管理

☀ **置き場：日当たりのよい、雨の当たらない軒下など**

最低気温が10℃以上になると、どんどん開花し、生育が旺盛になるので、一日中戸外の日当たりのよい場所で育てます。日当たりのよい雨の当たらない軒下が理想的ですが、少々雨に当たっても大丈夫です。

今月の管理

❄ 日当たりのよい、雨の当たらない軒下など
🌙 表面が乾いてきたら午前中にたっぷり水やり
🔲 液体肥料を1週間に1回

冬の間室内で楽しんだ株も、3月下旬からは戸外で管理します。ただし、急に環境が変わると生育を停止するので、最初の7～10日は、夜間は室内へ取り込み、徐々に環境になじませていきます。

🌙 水やり：表面が乾いてきたら午前中にたっぷり与えるが、夕方は避ける

　生育が旺盛になってくるので、水切れに注意します。鉢土の表面が乾いてきたら株元にたっぷり与えます。午前中なら少々葉に水がかかっても問題はありません。

　夜間はまだ冷え込むこともあるので、夕方の水やりは避けます。

　花壇も、土の表面が乾いてきたら、暖かい日の午前中に水やりをします。こちらも夕方は避けます。

🔲 肥料：液体肥料を1週間に1回

　花を次々に咲かせるので、肥料切れは厳禁です。肥料が不足すると花数が少なくなり、花色、葉色が淡くなって新しい葉も増えず、株の生育を悪くします。カリ分の多い液体肥料（規定倍率に希釈）を1週間に1回、必ず株元に施します。

Column

シクラメンの香り

　「シクラメンに香りはあるのですか?」とよく聞かれますが、園芸品種の中で、特に大輪咲き種には、香りはほとんどありません。しかし、原種のシクラメン・ペルシカム（14～15ページ参照）には、スズランのような香りがあります。原種シクラメンには香りのあるものが多く、スミレの香りのするものもあります。

　ちょうど布施明の「シクラメンのかほり」が大ヒットした1975年ごろに日本で育種された芳香シクラメンのスィートハートが登場し、最近ではさらに品種改良も進み、「芳香シクラメン」が店頭に並ぶようになりました。ガーデンシクラメンのなかにも、香りのある品種があります。

芳香品種、ワインの香り。

1月
2月
3月
4月
5月
6月
7月
8月
9月
10月
11月
12月

73

5月

今月の主な作業

基本 植え替え（鉢戻し）
基本 花がら摘み、枯れ葉取り

基本 基本の作業
トライ 中級・上級者向けの作業

5月のガーデンシクラメン

寄せ植えや花壇などで楽しんだ花も終わりに近づきますが、株は生育を続けています。

夏越しに向け、今月中旬までに1株ずつ鉢に植え替えます。

花数は少なくなるが、植え替え後も咲き続ける。

主な作業

基本 植え替え（鉢戻し）（75 〜 76 ページ参照）

梅雨前に1株ずつにする「鉢戻し」をする

寄せ植えや花壇などの狭いスペースでは葉が込み合い、むれて生育不良になるため、梅雨に入る前に1株ずつ鉢に植え替えます。これを「鉢戻し」といいます。1鉢に1株の鉢植えには行いません。

基本 花がら摘み、枯れ葉取り

こまめに摘み取る

咲き終わった花や枯れ葉は、柄ごと球根の付け根から摘み取ります。残しておくと、むれて病気の原因にもなるので、こまめに摘み取りましょう。

直射日光に当たって葉焼けした株。直射日光は避けて置くこと。

今月の管理

❄ 雨の当たらない明るい日陰の軒下など
💧 表面が乾いてきたらたっぷり水やり
🎲 液体肥料を1週間に1回

管理

❄ **置き場：直射日光を避けた明るい場所**

　直射日光に当てると葉焼けの原因になるので、直射日光を避け雨の当たらない明るい軒下などで管理します。

💧 **水やり：表面が乾いてきたらたっぷり**

　鉢や花壇の土の表面が乾いてきたら、株元にたっぷり与えます。

🎲 **肥料：液体肥料を1週間に1回**

　植え替え前は、4月に引き続きカリ分の多い液体肥料（規定倍率に希釈）を1週間に1回施します。

　植え替えの際は、元肥を入れた用土を使うので、植え替え後2～3週間はそのほかの肥料は施しません。その後は、植え替え前と同様、液体肥料を1週間に1回、株元に施します。

基本 寄せ植えや花壇のガーデンシクラメンの

植え替え（鉢戻し）の準備

適期＝4月中旬～5月中旬

植え替え用の鉢

　4号鉢（直径12cm）を使用し、1株ずつ植えます。

用土の配合

　下の配合例を参考に、通気性と水はけのよい、新しい清潔な用土を用意します。一度使用した用土や未熟な堆肥が入っている土は根を傷めたり、萎凋病の原因になるので避けましょう。

配合例A：赤玉土（小粒）6、腐葉土4

配合例B：赤玉土（小粒）3、日向土（細粒）3、腐葉土4

元肥

　根の伸長促進効果のあるリン酸分の多い粒状の緩効性化成肥料（草花などの規定量の2分の1程度）を用土に混ぜます。

NP-A.Tokue

鉢底石

　水はけをよくするために底部に敷く、ゴロ石や発泡スチロール片を用意します（→以降の作業は76ページ参照）。

1月
2月
3月
4月
5月
6月
7月
8月
9月
10月
11月
12月

基本 植え替え（鉢戻し） | 適期＝4月中旬〜5月中旬

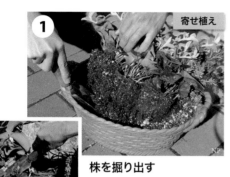

寄せ植え

花壇

株を掘り出す
寄せ植え、花壇ともに、根を傷めないように、できるだけ土を多くつけてスコップなどで株を掘り起こす。

1株ずつにする
できるだけ根を切らず、土を落とさないように1株ずつに分ける。

球根の上部の土を除く
球根が土に隠れていたら、表面の土を軽く手で取り除き、球根の上半分が見えるようにする。

鉢底石を敷く
4号鉢の鉢底にゴロ石や発泡スチロール片などを敷き、鉢に新しい用土を入れる。

株を入れて植える
球根の上半分が土の表面に出るように浅く植えつける。球根全体が埋まるように深く植えると腐ることがあるので厳禁。土は鉢の縁から1cm下まで入れる。

水をやり、明るい軒下へ
植えつけ後、たっぷりと水を与える。次の水やりは根の張りをよくするために、必ず鉢土の表面が乾くまで5〜7日ほど待ってから与える。その間は雨の当たらない明るい軒下などで管理する。

今月の主な作業

基本 夏越しの準備　**基本** 枯れ葉取り

今月の管理

❄️ 雨の当たらない涼しい日陰

💧 非休眠株は週に1回。休眠株は不要

🌱 非休眠株は液体肥料を。休眠株は不要

基本 基本の作業

トライ 中級・上級者向けの作業

6・7月のガーデンシクラメン

　鉢に植え替えた株も根が張り、気温の上昇とともにやや生育が緩慢になりますが、6月はまだ生育を続けます。古い葉の一部が枯れてきます。6月中に、シクラメンと同様、非休眠法か休眠法で夏越しの準備をします。

　7月に入ると、非休眠法で生育してきた株も生育が緩慢になります。一部の株は古い葉が枯れてきますが、大輪のシクラメンに比べて比較的暑さに強いため、ゆっくりと生育を続けています。

　休眠株はシクラメンと同様に管理します（47ページ参照）。

風通しのよい涼しい場所では、花数は減っても咲き続ける株もある。

主な作業

基本 夏越しの準備（46〜47ページ参照）

非休眠法がおすすめ

　夏越しには非休眠法と休眠法があります。ガーデンシクラメンは比較的暑さに強く、5月中旬までに鉢に戻した株は十分に生育しながら夏を越すので、非休眠法のほうが失敗も少なく、11月には開花するのでおすすめです。

基本 枯れ葉取り

見つけたら取り除く

　非休眠株の黄化した枯れ葉を球根の付け根から取り除きます。

管理

😊 **非休眠株の場合**

❄️ 置き場：**シクラメンに準じる**（44〜45、49ページ参照）

💧 水やり：**シクラメンに準じる**（45、49ページ参照）

🌱 肥料：**液体肥料を施す**

　6月はカリ分の多い液体肥料（規定倍率に希釈）を1週間に1回、7月は規定の2倍に希釈して2週間に1回、水やりを兼ねて株元に施します。

8月

基本 基本の作業
トライ 中級・上級者向けの作業

今月の主な作業

基本 非休眠株は枯れ葉取り

今月の管理

☀ 雨の当たらない涼しい日陰
💧 非休眠株は乾いてきたら。休眠株は不要
🍴 非休眠株は液体肥料を。休眠株は不要

8月のガーデンシクラメン

　ガーデンシクラメンはシクラメンに比べて比較的暑さに強いため、非休眠株は夏の間もゆっくりと生育を続けています。8月に入ると新しい芽も動きだし、花をつける株も出てきます。

　休眠株は、シクラメンと同様に管理します（47ページ参照）。

非休眠株は蕾や葉を増やすために液体肥料を定期的に施す。

主な作業

基本 非休眠株の枯れ葉取り

こまめに取り除く

　非休眠株は枯れ葉をこまめに抜き取ります。

管理

非休眠株の場合

☀ **置き場：雨の当たらない涼しい日陰**

　直射日光、雨を避けられる涼しい場所（軒下など）で管理します。

💧 **水やり：日中を避け、表面が乾いてきたらたっぷり**

　鉢土の表面が乾いてきたら、葉や球根にかけないように、株元にたっぷりと与えます。気温が高い日中に水を与えると土の温度が上がり根を傷めるので、朝か夕方以降に土の表面が乾いていることを確認してから与えます。

🍴 **肥料：薄い液体肥料を2週間に1回**

　非休眠株は生育を続けているので、カリ分の多い液体肥料（規定の2倍に希釈）を、水やりを兼ねて2週間に1回、午前中、暑くなる前に施します。

今月の主な作業

基本 病害虫の防除 → トライ 葉組み

今月の管理

❄ 中旬ごろ、日当たりのよい場所へ移動

💧 表面が乾いてきたらたっぷり水やり

🔹 液体肥料を1週間に1回

基本 基本の作業
トライ 中級・上級者向けの作業

9月のガーデンシクラメン

　非休眠株も休眠株も、涼しくなると生育旺盛期に入ります。生育の早い株は下旬ごろから新葉が展開を始め、葉数、蕾も増え、花が咲きだす株もあります。

　非休眠株も休眠株も、作業と管理は共通になります。

　一部の地域では、今月から早出しの開花株が店頭に並びます。早めに株を購入した場合は、10月（80〜81ページ）の作業、管理を参照してください。

新しい葉が次々と展開し、開花が始まった株。

主な作業

基本 病害虫の防除

灰色かび病に注意

　湿度が高いと、灰色かび病が発生しやすくなります。予防に、チオファネートメチル剤を水に溶かして株の中心部に散布します。

トライ 葉組み（59ページ参照）

葉を動かして球根に日光を当てる

　蕾、葉が次々と生育する時期なので、葉組みをして球根の中央部に日光を当て、生育を促進します。

管理

❄ **置き場：日当たりのよい場所へ移動**

　9月中旬ごろから、今までの涼しい日陰から、雨の当たらない日当たりのよい場所に移します。

💧 **水やり：表面が乾いてきたらたっぷり**

　鉢土の表面が乾いてきたら、球根にかけないようにたっぷり与えます。

🔹 **肥料：液体肥料を1週間に1回**

　生育旺盛期を迎えるため、カリ分の多い液体肥料（規定倍率に希釈）を水やりを兼ねて1週間に1回施します。

10月

今月の主な作業

基本 植えつけ
トライ 葉組み

基本 基本の作業
トライ 中級・上級者向けの作業

10月のガーデンシクラメン

　花を5〜8輪ほど咲かせたガーデンシクラメンのポット苗が店頭に並ぶようになります。

　夏越しした株は葉数も増え、生育の早い株では蕾が色づき、開花する株もあります。

　ともに、今月から初冬が植えつけの適期です。

店頭に並んだ開花株。

主な作業

基本 植えつけ（82〜83ページ参照）

冬になる前に終わらせる

・鉢植え（寄せ植え）

　長く楽しむには、冬がくる前に十分に根を張らせる必要があります。12月中旬（最低気温が5℃以下になる前）までに行うのが理想です。

　ガーデンシクラメンは根があまり深く伸びず、また乾き気味を好むので、深さが15〜20cm程度の浅い鉢に植えつけます。深鉢に植えつけるときは鉢底にゴロ石などを多く入れて上げ底にし、土が乾きやすくします。

・地植え（花壇）

　寒さがくる前に十分に根を張らせるため、11月中旬までに植えつけを完了します。植えつける場所は、水はけ、日当たりのよいところを選びます。土が乾きやすい、なだらかな傾斜地やレイズドベッド（地面より高く盛り土をした場所）などに植えつけます。

トライ 葉組み（59ページ参照）

葉を動かして球根に日光を当てる

　葉数の多い株は葉組みをして、株の中心部に日光を当てるようにします。

今月の管理

- ❄ 鉢植えは日当たりのよい場所
- 💧 表面が乾いてきたらたっぷり水やり
- 🎲 液体肥料を1週間に1回

Column

株は浅植えにする

　シクラメンはジメジメした環境が苦手なので、特に地植えをするガーデンシクラメンは、どんな場所に植えるかがとても大切です。水はけのよい、乾きやすい土地が適します。

　株を植えつけるときは、鉢植えの場合も地植えの場合も、根鉢が1cmほど出っ張るくらいの浅植えにします。こうすると株の乾きが早く、失敗がとても少なくなります。

根鉢の上部、1cm程度を出して植える。

傾斜地に植えると、水はけがよく、乾きやすくなる。

管理

❄ **置き場：鉢植えは日当たりのよい場所**

　鉢植え（寄せ植え）は日当たりと風通しのよい場所で育て、できれば雨がかからないようにします。

　コンクリートや地面に直接置かず、棚の上などに置いて風通しをよくしましょう。

💧 **水やり：鉢植えは表面が乾いてきたら、地植えは雨が1週間以上降らなかったら**

　鉢植え（寄せ植え）は鉢土の表面が乾いてきたら、球根にかけないように株元にたっぷり与えます。

　地植え（花壇）は、雨が1週間以上降らないときだけ、株元にたっぷりと与えます。鉢植えも地植えも、水のやりすぎには注意しましょう。

🎲 **肥料：液体肥料を1週間に1回**

　植えつけ前の株は、9月に引き続き、カリ分の多い液体肥料（規定倍率に希釈）を、水やりを兼ねて1週間に1回施します。

　植えつけ後は、根が伸びるまで肥料を控え、植えつけ2～3週間後より、同様の液体肥料を、水やりを兼ねて1週間に1回施します。

植えつけ前の準備

下の配合例を参考に、通気性と水はけのよい、新しい清潔な用土を用意します。

> 配合例A：赤玉土（小粒）6、腐葉土4
>
> 配合例B：赤玉土（小粒）3、日向土（細粒）3、腐葉土4

　用土にはあらかじめ、根の伸長促進効果のあるリン酸分の多い粒状の緩効性化成肥料（草花類の規定量の2分の1程度の量）を混ぜておきます。植えつけが11月中旬以降になる場合は、水はけのよい配合例Bが適しています。

鉢底石を敷く

鉢底に、発泡スチロール片やゴロ石を敷き、用土を入れる。

マルチングする

株元の土は強く押さえず、泥はね防止と、寒さから上根（鉢土の表層部に張る根）を保護するために、バークチップなどでマルチングをする。

株を浅く植える

ポットから株を抜き、根鉢を崩さず、球根が用土の下に隠れないように浅く植えつける（81ページのコラム参照）。

水を与え1週間ほど養生させる

植えつけ後たっぷりと水を与え、戸外の直射日光の当たらない明るい日陰に1週間ほど置いたあと、日当たりのよい場所で管理する。

基本 花壇への植えつけ

適期＝10月上旬〜11月中旬

植えつけ前の準備

下の配合例を参考に、通気性と水はけのよい、新しい清潔な用土に入れ替えます。

> **配合例A**：赤玉土（小粒）6、腐葉土4
> **配合例B**：赤玉土（小粒）3、日向土（細粒）3、腐葉土4

　新しい土に入れ替えない場合は、植えつける1〜2週間前に深さ15cm程度を掘り起こし、腐葉土（1㎡当たりバケツ半杯）、赤玉土（小粒、1㎡当たりバケツ半杯）、苦土石灰（1㎡当たり紙コップ3分の1）をよく混ぜ、十分に日光に当てておきます。

古い土を除く
深さ15cm程度までの古い土を取り除く。

新しい用土と肥料を入れる
新しい配合土を入れる。元肥としてリン酸分の多い粒状の緩効性化成肥料（草花類の規定量の2分の1程度の量）を混ぜておく。

株を浅く植える
ポットから株を抜く。根鉢は崩さず、葉と葉が触れ合わない程度の間隔で、球根が用土の下に隠れないよう浅く植えつける（81ページのコラム参照）。

水をたっぷり与える
株元の土は強く押さえない。植えつけ後、株元にたっぷりと水を与える。

11・12月

今月の主な作業

基本 花がら摘み、枯れ葉取り

今月の管理

❀ 鉢植えは日当たりのよい戸外
💧 表面が乾いてきたら午前中に水やり
🎲 液体肥料を1週間に1回

基本 基本の作業
トライ 中級・上級者向けの作業

11・12月のガーデンシクラメン

購入株は植えつけて1か月もすると、次々に開花します。

一方、夏越しした株は葉数がふえ、株も大きくなって、色づいた蕾が葉の間から見えるようになります。11月ごろからは、開花が楽しめるでしょう。

根を十分に張らせるため、地植え（花壇）の場合は11月中旬までに、鉢植え（寄せ植え）の場合は12月中旬までに植えつけを終了します。

花が咲き始めた夏越し株。

主な作業

基本 花がら摘み、枯れ葉取り
こまめに取り除く

咲き終わった花や傷んだ葉を、球根の付け根から摘み取ります。このとき球根が動くと根の成長が滞ったり、根が切れたりすることがあるので、反対の手で軽く球根を押さえながら行います。

管理

❀ 置き場：鉢植えは日当たりのよい戸外

鉢植えは日当たりのよい戸外で育て、霜が心配なときは軒下などへ移します。

12月に入っても、根が十分に張った鉢植えなら0℃以上あれば日当たりのよい軒下などで大丈夫です。夜間0℃を下回るときは、暖房をしていない玄関や室内に取り込みます。できるだけ戸外で日光に当てると、蕾の生育が促進され、春まで長く花が楽しめます。

💧 水やり：乾いてきたら午前中にたっぷり

10月に準じます（81ページ参照）。

🎲 肥料：液体肥料を1週間に1回

10月に準じます（81ページ参照）。

病害虫を減らすために

シクラメンの病害虫は、置き場や水やり、施肥など、日頃の管理を正しく行うことで、ある程度防ぐことができます。殺虫剤や殺菌剤を使う前に、まずは病害虫が発生する要因を取り除き、株を健全に育てましょう。

病害虫を防ぐ管理
❶ 日当たり、風通しが悪い場所で栽培しない
❷ 水やり時に球根に水をかけたり、株に雨を当てたりしない
❸ 濃度の高い肥料を施さない
❹ 植え替え時に古い土を使用しない
❺ 定期的に肥料を施す
❻ 高温多湿の場所で栽培しない
❼ 花がらや枯れた葉を摘み取るときに球根を傷つけない
❽ 花がらや枯れた葉を摘み取るときは、球根の付け根からきれいに取り除き、途中で折れた柄をそのまま残さない。直後の水やりは避け、摘み取った元部が乾くまで待って与える
❾ 病気の株を健全な株の隣に置かない

薬剤の上手な使い方
シクラメンは病害虫が発生すると回復が難しいことが多いため、薬剤は発生後に散布するのではなく、発生しやすい時期に予防散布することが基本です。

効果的な薬剤散布の方法
❶ 直射日光の当たる日中は避け、朝か夕方に散布する
❷ 散布時に花や蕾に薬剤がかからないようにする
❸ 葉の表面だけでなく、裏面にも散布する
❹ 球根を傷つけたときは傷口に散布する

❺ 同じ薬剤ばかりを使わず、2種類以上を交互に散布する
❻ 液体肥料と薬剤を混ぜて使用しない

球根を傷つけたときは傷口に水に溶かしたベノミル剤などを散布する。

主な病害虫
[萎凋病（いちょう）] 初夏から開花期、特に梅雨明け以降温度と湿度が高くなると発生しやすい。過湿や濃い肥料などで根が傷むと、土の中の菌が侵入する。

[灰色かび病] 春から梅雨、9月下旬から開花期にかけ、湿度が高くやや温度が低い長雨どきに発生。むれたり、花や葉に水をかけたままにすると発生しやすい。

[軟腐病（なんぷ）] 初夏から夏に発生。一般に土から感染するが、球根の傷口からも感染する。

[スリップス] 初夏から初秋、梅雨期を除く高温乾燥期に発生し、汁液を吸う。カーネーション、キクなどにも発生するので、離して栽培すること。

[ヨトウムシ] 秋（9〜11月）に発生。夜間に新芽、小さい蕾、新葉を食害し、ひどいときには一晩ですべての芽がなくなることもある。発生後では駆除しにくいため、発生前の8月下旬ごろにアセフェート剤を使用する。

スリップスの被害で、花の形が崩れた株。

よい株の選び方

株を購入するときには以下のことを念頭に、しっかり観察してよい株を選びましょう。

蕾

● **色づいた蕾が葉の間から多数出ている**
大小の蕾が多くある株は、夏の間に高温、肥料の過不足によるストレスを受けておらず、花が咲き続ける。

● **蕾が細長くきれいな形をしている**
蕾の時期にスリップスなどの害虫の被害を受けると、丸く萎縮した形になり、花が変形しやすい。

葉

● **葉の数が多く、鉢の縁が葉で覆われて鉢土が見えない**
夏の高温による栽培ストレスもなく順調に生育した株で、葉が多いと蕾の数も多く、次々と花が咲き、開花数も多くなる。

● **葉の形が対称形できれい**
1枚の葉に向かい合うように1個の蕾がつくため、葉が変形したり縮れたりしていなければ、きれいな花が咲く。

● **葉の大きさがまちまちでない**
肥料管理が悪いと葉の大きさがそろわず、葉数や蕾も少なくなる。

● **葉が黄化していない**
部分的に黄化が見られる場合は萎凋病（いちょう）の場合が多く、株の寿命が短い。

● **葉柄が伸びすぎず、株全体が堅い（手で押さえると弾力がある）**
葉柄が伸びて徒長していると、蕾が生育途中で枯れやすく、開花数が少なくなり、環境の変化にも弱くなる。

花

● **花の高さがそろっている**
夏から秋にかけて肥料の施し方
にむらがない株は、順調に蕾が
生育し、花の咲く高さがそろっ
ている。

● **花が変形していない**
蕾がスリップスなどの害虫の被
害を受けると花が変形する。

● **花びらにしみがない**
温度と湿度管理のミスがなく、灰色かび病などにかかっ
ていないため、花の寿命が長い。

● **花びらの先端部分が変色したり、傷んでいない**
低温や冷たい風、運送による傷みがない株は花の寿命
が長い。

環境

暗い店内に置かれていたり、戸外の寒風
に当たっている鉢、詰めて置かれている
鉢、温度が高すぎたり、寒すぎたりする
店内に置かれている鉢は避ける。

球根

● **球根の表面にカビが生えていない**
灰色かび病などの病気にかかっている
株は寿命が短い。

NP-f-64

87

タネから育てる

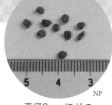

直径2mmほどの
シクラメンのタネ

シクラメンは球根植物ですが、タネが採取しやすいことと、高温多湿の日本では株の夏越しがやや難しく、1年で球根が腐ってダメになるケースもあるため、日本ではタネから育てる秋まき植物としても扱われています。

庭植えのガーデンシクラメンや原種シクラメンでは、こぼれダネでふえていくこともあります。ここでは、採取したタネ（70ページ参照）から育てる方法を紹介します。

タネまきの準備

タネ 採取しておいたタネを、まく前に1〜2時間ほど水につけ、浮いたタネは捨てます。

用土 下の配合例を参考に水はけのよい清潔な用土を準備。一度使用した土や庭土、粒子が大きい用土は避けます。

> **配合例A**：ピートモス、バーミキュライト、パーライト（粒子が米粒程度）の等量配合
> **配合例B**：ピートモス、赤玉土（小粒）の等量配合
> ＊ピートモスは水をはじくので、軽く水で湿らせたあと、ほかの用土と混合します。

元肥 用土にリン酸分の多い緩効性化成肥料を草花の規定量の3分の1混ぜると、発芽後の生育がよくなります。

容器 2.5〜3号ポットを用意します。

トライ タネのまき方

適期＝大輪・中輪種11〜12月
ミニ（小輪）種1〜3月
ガーデンシクラメン1〜3月

1 2.5〜3号ポットの底に鉢底網を敷き、用土を縁から1cm程度まで入れる。たっぷりと水を与えて用土を湿らせる。

2 シクラメンは発芽率が悪いので、2.5〜3号ポットに3粒程度のタネをまく（発芽後間引いて1株にする）。

3 タネが隠れる程度に覆土をし、ハスロ付きのジョウロでたっぷり水を与える。

④

NP-S.Maruyama

発芽まで鉢全体を新聞紙や黒い布などで覆い、日の当たらない暖かい室内に置く（発芽には18〜20℃程度必要）。発芽まで40〜45日程度かかる。その間、土が乾かないように注意し、表面の土が乾きかけたら水を与える。

⑤

NP-S.Maruyama

発芽したら覆いを取り、日当たりのよい窓辺に移す。子葉の徒長を防ぐため、発芽後、覆いはできるだけ早く取り除く。

発芽から1〜2週間

子葉が開いたところ。シクラメンは子葉が1枚しかない。

NP-S.Maruyama

発芽から約1か月後

発芽から約1か月がたち、本葉が3〜4枚になったところ。

NP-S.Maruyama

発芽後の管理

置き場　室内の日当たりのよい窓辺で、最低温度が10℃以下にならない場所に置きます。ただし、暖房の効きすぎで20℃以上になると株が弱るので注意します。戸外の最低気温が15℃以上になったら、雨の当たらない戸外の日当たりのよい場所に出します。

水やり　鉢土の表面が乾いてきたら、株が倒れないよう水を与えます。

肥料　本葉が見えてきたら、カリ分の多い液体肥料（規定の2倍に希釈）を2週間に1回、水やりを兼ねて施します。本葉が5枚以上になったら、間隔を1週間に1回。大輪種は5月になったら規定倍率に希釈した液体肥料を1週間に1回施します。

植え替え　5月中旬から6月中旬、本葉が10枚になったら根鉢をくずさずに鉢から抜き、球根が半分程度見えるぐらいの浅植えにして、たっぷり水を与えます（用土、元肥は夏越しした株に準じます。54、56ページ参照）。

植え替え後の管理　植え替え直後は明るい日陰で栽培し、2週間後に日当たりのよい場所に移します。さらに1か月ほどしたら、カリ分の多い液体肥料（規定倍率に希釈）を1週間に1回施します。その後の管理は非休眠株に準じます。ただし8月中旬から9月中旬の植え替えは必要ありません。適切に育てれば12〜1月頃に花が咲きます。

シーズン別 栽培 **Q&A**

それぞれの季節に起こりがちなトラブルや疑問にお答えします。

春

Q1 室内で育てていた株を戸外に出したら、土は乾いていないのに葉が緑色のまましおれてしまいました。

A 夜の低温で土の温度が下がるとしおれることが。

早春は朝夕の気温がまだまだ低いため、昼と明け方の温度差が 10℃以上になることも珍しくありません。室内の窓辺などで育ってきたシクラメンを急に戸外へ出し、夜間も取り込まないと、特に鉢土が湿った状態では地温が下がり、突然しおれることがあります。

このようなときは、そのまま日中暖かくなるにつれて回復していきますが、それが続くと枯れてしまいます。まずは日中だけ 1 週間程度戸外に出してなじませたあと、終日戸外へ出すようにして、徐々に慣らしましょう。

Q2 球根が割れてきました。

A 水切れ後の水やりに注意。割れ目に液肥や水をかけないで。

水切れによる乾燥が原因かもしれません。5 月になると気温が上がり、日ざしも強くなり、土が乾きやすくなります。そんなとき、球根の表面が急に割れることがあるのです。原因のほとんどは、土が乾きすぎたあとのたっぷりの水やりです。つまり、水切れで止まっていた球根の生育が急に再開するために起こるのです。土を乾かしすぎないよう注意して水をやりましょう。

割れた球根も病気になったりしなければ、そのまま育てられますが、その球根に水や液体肥料がかかると、病気や腐敗の原因になります。水がかからないように注意しましょう。

**枯れてきた葉は
どうしたらよい？**

 **見つけたら
こまめに取り除きます。**

　晩春には気温が高くなり、自然と葉が枯れてきます。茶色くなって枯れてきた葉は、花がら摘みと同様、くるりとひねって付け根から摘み取ります。枯れた葉をそのままにしておくと、球根の中央部に日が当たらなくなり、新芽の生育が妨げられたり、むれて病害虫の原因になることもあります。気づいたら、こまめに摘み取りましょう。

　摘み取ったあとすぐに水や液体肥料を与えると、摘み取ったあとの部分から腐ることがあるので、一日おいて与えるようにします。

 **庭植えの
ガーデンシクラメンは
そのままでかまわない？**

 **梅雨や夏の高温対策に
１鉢ずつ鉢戻しをして
涼しい場所で
管理するのが理想。**

　５月の中旬までに、１株ずつ鉢に植え替えるのが理想です。特に花壇などで狭いところに詰めて植えた株は、そのままだとむれて成長が滞ったり、また、強い日ざしに当たると弱ったりしてしまいます。植え替えの方法は、75〜76ページを参照してください。

 **休眠法で
夏越しさせる場合、
緑色の葉も取り除く？**

 **自然に枯れるのを
待ちます。**

　休眠させて夏を越すために、まだ緑色の元気な葉を無理に取り除くと、葉柄の付け根部分から腐ることが多いため避けます。水やりをやめ、徐々に土を乾かしながら自然に枯れるのを待ちます。葉が完全に茶色くなり、パリパリに乾燥したら取り除きます。

Q6 **急に葉が枯れて
緑の葉が減りました。
枯れるのでしょうか？**

A **株元にカビが生えたり
球根がやわらかく
なっていたら、
残念ですが処分します。**

　葉が黄化し、葉柄がヌルヌルになる場合は要注意。鉢土がいつもジメジメしている場合や、葉や球根に直接水をかけていると起こりやすい症状で、急に株の一部分に黄化が起こり、葉柄が黒くなり腐っていきます。その場合は残念ですが、株ごと処分します。また、葉柄の付け根にカビが発生し、球根がやわらかい場合は、萎凋病（いちょうびょう）や軟腐病（なんぷびょう）の可能性があるので、同様に株ごと処分します。褐色に枯れて、パリパリに乾燥するときは大丈夫です。

夏

Q1 休眠させたいのですが、底面給水鉢の土がなかなか乾きません。

A 受け皿を外し、通気をよくして乾燥させます。

受け皿の水がなくならないときや、鉢土が乾きにくいときは受け皿を外します。さらに、鉢土の底部に残った水分を乾かすために、直接、地面やコンクリートの上に置かずに、網でできた棚の上などに置き、底部の通気をよくします。

Q2 非休眠法で夏越しさせていますが、突然葉が枯れてきました。

A 球根がやわらかくないか、カビが生えていないかチェックを。

春のQ6と同様、萎凋病や軟腐病の可能性があります。球根がやわらかいときやカビが生えているときは病気にかかっていることがほとんどなので、処分しましょう。

Q3 底面給水鉢で夏越しさせている非休眠株の受け皿の水がほとんど減らず、元気がありません。

A 受け皿を外して、底部を乾かします。

受け皿の水がほとんど減らないときは、受け皿を洗浄し、新しい水を入れます。その後も土が乾きにくいときには、底部が過湿状態で根も弱っているので、受け皿を外し、植え替えまで鉢を網でできた棚の上に置き、底面給水鉢の底から出ている不織布を網の間から垂らします。不織布がない場合は、受け皿を外し、直接網の上に置きます。こうすると底部にたまった水分が排出されやすく、停滞が解消されます。

水やりは普通鉢と同様、鉢土の表面が乾いてきたら、鉢土の上から水を与え、鉢底から流すようにします。

Q4 非休眠法の株に特に液体肥料を施すと鉢土がなかなか乾きません。

A 土の乾き方を見て液体肥料を加減します。

気温が高くなる時期は、土の温度も

秋

上がり、根の生育が緩慢になります。このようなときに液体肥料を施すと、水に比べて根が吸い上げにくく、その結果、土に水分が残り、乾きにくくなります。用土がよく乾くときは液体肥料を施しますが、乾きにくいときには液体肥料を控えましょう。また、様子を見ながら希釈濃度を薄くして施す方法もあります。

Q5 鉢戻しした ガーデンシクラメンに、花が咲いています。花を咲かせ続けると株が弱りませんか?

A 新しい葉や蕾が 出ていればOK。

球根から次々と新しい葉や花芽が出ている株は健全に生育しているので、花を摘み取る必要はありません。ただし、新しい葉がほとんど出ていない株は、花を咲かせ続けると株が衰弱するので、蕾の状態で摘み取ります。摘み取った直後には水や肥料を与えず、摘み取ったあとが乾くまで待ちます。

Q1 植え替えの季節ですが、毎年植え替える必要がありますか?

A 基本的には 毎年植え替えます。

基本的には、毎年一回り(直径で3cm程度)大きい鉢に植え替えます。しかし、現在植えている鉢のサイズに余裕があれば、植え替える必要はありません。

ただし、球根が土に埋もれている場合は、翌年のために植え替えます。

Q2 花壇などで楽しんだ ガーデンシクラメンを適期に鉢戻しするのを忘れたらどうすればよいですか?

A 秋に 植え替えます。

春に鉢戻し(植え替え)をせずに夏越しさせた株は、9月上旬から下旬に植え替えます。寄せ植えに使用する場合は、10月から12月中旬まで植え替えることも可能です。

植え替えの方法は75〜76ページに準じます。寄せ植えした状態のままで夏越しさせた株を掘り出すときは、できるだけ根を傷めないように注意します。

冬

Q3
10月になり、
夏越しした株に蕾が
見えてきました。
小さい蕾も
たくさんありますが、
今年中に咲きますか？

A 温度が低いと開花は遅れます。

　花茎の長さが2cm程度の蕾が開花するまでには、シクラメンで約2か月、ガーデンシクラメンでは1〜1.5か月かかります。10月中旬に花柄の長さ2cmの蕾ができても、開花は年末から年始になり、満開を迎えるのは1月下旬以降となります（夏越しした株は市販のシクラメンよりも開花は1〜2か月程度遅くなります）。

　一般に、11月中旬から12月中旬に店頭に並ぶ開花株は、8月中旬には花茎の長さ2cmの蕾が数多くでき上がり、その後加温して、年内に出荷します。

花柄の長さ2cmの蕾が開花するまでには約2か月かかる。

Q1
購入株を室内の窓辺に
置いていますが、
1か月もたたずに
葉や花柄が伸びて
倒れてきました。

A 日光不足が原因です。

　シクラメンは、日光のよく当たる12〜22℃程度の温室で栽培され、出荷されます。一般に、家庭では窓越しの光が当たる場所に置きますが、最近は紫外線を通さないUVカットガラスが多く、日光が不足する場合があります。また、夜間の暖房で温度が高すぎると、株が徒長します。しっかり締まった株にするために、天気のよい日中は戸外に出し、日光浴をさせましょう。

Q2
購入して1か月ほどは
次々に花が
咲いていましたが、
次第に咲かなくなって
しまいました。

A 日光不足、肥料不足です。

　一番の原因は日光不足です。日光の届かないところに置いておくと蕾が育たず、花が咲かなくなり、株が枯れることもあるので、できるだけ日光に当てましょう。

肥料不足でも花が咲かなくなります。購入したときに残っていた肥料も2週間ほどすれば切れてきます。購入1週間後から液体肥料を施しましょう。

 花が咲き始めたら葉が黄色くなってしまいました。

 日中は戸外に出し、肥料を切らさないで。

原因はさまざまありますが、開花が直接の原因ではなく、**Q2**と同様、日光不足のことが多いようです。暖かい日中は戸外での日光浴が必要です。また、花が咲き始めると肥料が必要で、不足すると古い葉から黄化します。天気のよい日に戸外に出して液体肥料を施すとよいでしょう。

 夏越しした株がなかなか咲きません。早く咲かせる方法は？

 時間がかかるのはしかたないことです。

夏越ししたシクラメンを早く咲かせることは難しく、まずは十分な日光と、11月以降の15〜22℃の温度維持が必要です。また、光や温度が不足すると、施した肥料を十分に吸収できずに開花が遅れますが、気温が上昇する3月頃から開花が旺盛になります。家庭では、開花の遅れはしかたがないと思います。

 夏越しした小輪系や中輪系は咲き始めたのに大輪系は咲きません。

 品種による差が原因。

一般にシクラメンは、小輪系、中輪系、大輪系の順に咲くのが普通です。

栽培上の問題があるとすれば、大輪系は肥料を多く欲しがるので、小輪系や中輪系と同じ量ではやや不足です。錠剤タイプの置き肥などを少し多めに施すようにします。

 夏越しに成功し、花が咲き始めましたが、購入株のように葉数が多くありません。

 秋の日光、肥料不足です。

市販されているシクラメンに比べて、葉の枚数が少ないのはやむをえませんが、原因は日光・肥料不足です。

特に9月上旬から11月上旬に肥料が不足すると、花の高さがそろわず、葉数も少なくなるケースが多いようです。作業・管理暦を参考に定期的に液体肥料を施すことで、葉数を確保できます。

吉田健一（よしだ・けんいち）

1954年、大阪府池田市生まれ。神戸大学農学部卒業。園芸関係会社に勤務する自称「サラリーマン週末園芸家」。「シクラメンに魅せられたのか、生産する友に魅せられたのか、シクラメンが大好きになり40年が過ぎました。通りがかりの人に、自宅の小さな庭に咲く草花を見てもらいながら『いつも楽しみに見ております』の言葉を励みに、花を通して多くの人に出会えたことを心から感謝しています。これからも肩ひじ張らずに『失敗を少なくする園芸』を少しでも多くの人に伝えていきたく思います」

NHK 趣味の園芸
12か月栽培ナビ⑪

シクラメン ガーデンシクラメン　原種シクラメン

2020年1月20日　第1刷発行
2023年7月10日　第3刷発行

著　　者　　吉田健一
　　　　　　©2020 Yoshida Kenichi
発行者　　松本浩司
発行所　　NHK出版
　　　　　　〒150-0042
　　　　　　東京都渋谷区宇田川町10-3
　　　　　　TEL 0570-009-321（問い合わせ）
　　　　　　　　　0570-000-321（注文）
　　　　　　ホームページ
　　　　　　https://www.nhk-book.co.jp
印刷　　凸版印刷
製本　　凸版印刷

表紙デザイン
岡本一宣デザイン事務所

本文デザイン
山内迦津子、林 聖子
（山内浩史デザイン室）

表紙撮影
田中雅也

本文撮影
伊藤善規／f-64（福田 稔、上林徳寛）／
鈴木康弘／高橋紗弥加／田中雅也／
筒井雅之／徳江彰彦／冨山 稔／
成清徹也／蛭田有一／福岡将之／丸山 滋／
吉田健一

イラスト
江口あけみ
タラジロウ（キャラクター）

校正
ケイズオフィス／高橋尚樹

編集協力
スリーシーズン（奈田和子）

企画・編集
加藤雅也（NHK出版）

撮影協力・写真提供
イッセイ花園／M＆Bフローラ／
カネコ種苗／クレマチスの丘／
サントリーフラワーズ／大栄花園／
たけいち農園／フラワーガーデン泉／
モレル ディフュージョン／雪印種苗